算法入门之西游漫记
——Python 语言版

叶鹏　沈晓恬　刘子新　著

ZHEJIANG UNIVERSITY PRESS
浙江大学出版社

图书在版编目（ＣＩＰ）数据

算法入门之西游漫记：Python语言版 / 叶鹏，沈晓恬，刘子新著. -- 杭州：浙江大学出版社，2022.3
ISBN 978-7-308-22191-7

Ⅰ. ①算… Ⅱ. ①叶… ②沈… ③刘… Ⅲ. ①软件工具－程序设计 Ⅳ. ①TP311.561

中国版本图书馆CIP数据核字(2021)第275493号

算法入门之西游漫记：Python语言版

叶鹏　沈晓恬　刘子新　著

策划编辑	肖　冰
责任编辑	陈宗霖
责任校对	李　琰
封面设计	周　灵
出版发行	浙江大学出版社
	（杭州市天目山路148号　　邮政编码　310007）
	（网址：http://www.zjupress.com）
排　　版	杭州林智广告有限公司
印　　刷	浙江新华印刷技术有限公司
开　　本	787mm×1092mm　1/16
印　　张	23
字　　数	374千
版 印 次	2022年3月第1版　2022年3月第1次印刷
书　　号	ISBN 978-7-308-22191-7
定　　价	108.00元

序

　　叶鹏兄是我在浙江大学计算机学院本科和硕士阶段的同学，也是非常要好的朋友，从外表上看是个五大三粗的肌肉男，一位非典型的杭州籍IT人士，专注于技术。但翻开此书，我看到的是一位充满智慧的父亲对自己儿女满满的爱意。为了更好地对自己的孩子进行编程启蒙教育，他亲自操刀编写了几百页充满童趣的故事，将编程算法原理与故事情节完美融合，这是一项浩大而且伟大的系统性工程。身为计算机专业的教授，我也曾数度萌发过要为自己儿子编写一本算法启蒙册子的想法，但终因这样或者那样的原因被搁置了，与叶鹏兄的执行力相比，深感惭愧，惰性真的是魔鬼。

　　华人女计算机科学家、ACM和IEEE会士、美国哥伦比亚大学副校长周以真教授认为，计算思维是运用计算机科学的基础概念进行问题求解、系统设计，以及人类行为理解等涵盖计算机科学之广度的一系列思维活动。计算思维是与形式化问题及其解决方案相关的思维过程，其解决问题的表示形式应该能有效地被计算装置所执行。随着信息化及智能化时代的到来，计算思维将逐渐成为每个人的基本技能，它绝不仅仅是计算机科学家所独有的属性。在培养每个孩子求解问题的能力时，不仅需要教会他们阅读、写作和算术的技巧，还应教授计算思维。这种思维能力并不一定是要求每个人都会编写计算机代码，而是要培养孩子具备把复杂问题抽象或归纳为

形式化表达进而进行分析和求解的能力，这种能力普适于各行各业以及各种场景，它将使孩子们受益终身。

我认为叶鹏兄撰写的这本书很好地践行了上述计算思维培养的基本思想及基本要求，从最基础的排序出发，结合趣味故事场景系统性地阐述了搜索、动态规划和回溯等基本算法思想，并采用Python语言对其进行了实现。书中对于每一种算法的原理、求解思想和具体求解过程都进行了很好的梳理和归纳，并利用整体思维导图进行了串联，非常适合于对（对编程感兴趣的）小学高段学生及中学生进行启蒙教学。

希望家长和小朋友读者们能够在此书的帮助下获得很好的阅读和学习体验！也再一次感谢叶鹏兄为青少年的信息素养培育提供了如此出色的一本佳作！

肖俊

2021年处暑于杭州求是园

第一位作者的话

我有一对儿女，姐姐正好十岁，学校里开了信息课，学习计算机相关知识。现在社会上也有很多学习编程的兴趣班。作为科班出身的我，认为算法是编程的基础，初学者们有必要系统地学习一下算法，这能帮助初学者们形成更有逻辑性的思考习惯。

目前市场上的这类书籍缺少将趣味性和系统性结合得较好的版本，所以我将西游记里的部分人物故事和简单算法相结合，写了这本书。

本书的主要读者对象是十岁以上小学高段学生以及初高中学生。

本书人物形象鲜明，故事逻辑完整，趣味性强。全书不仅着力于以幽默风趣的文字吸引读者注意，而且对于算法原理以及可能碰到的问题，都尽可能由浅入深阐述清楚。

书中用到的所有算法，均使用 Python 语言实现。Python 语言是目前最流行的计算机编程语言之一，功能强大。读者通过对本书算法的学习，可以了解 Python 的基本用法。

本书的主要目的是学习算法，尽管 Python 可能会有一些更简单的写法，但文中代码还是尽量采用经典写法，而非直接使用 Python 独有的写法。

我在故事主线中除了穿插算法入门知识，还以另一个角色猫三王的角度来复习每章的算法，加深读者的代入感以及对算法的理解。

叶鹏

第二位作者的话

从教二十余年，我的主要工作是教授学生算法。无论是在信息学奥林匹克竞赛指导，还是浙江省将信息技术纳入选考科目后的常规教学的过程中，陪伴了许多不同天赋的学生从零开始学习计算机的算法。在这个过程中，我深深地体会到培养学生计算机思维的意义。

当老同学叶鹏先生和我说，想为儿女写这样一本编程教学书时，我感到十分惊喜，他的想法与我不谋而合。我也有两个正在学习编程的适龄期的女儿，与一个经验丰富的软件工程师合作，一定可以将算法的应用讲得更灵活、更接地气。这其中也可以发挥我在杭州学军中学多年教学累积的经验优势，将看似高深抽象的专业知识深入浅出地教给孩子们。

如果此时的你，正准备阅读此书，可以采用数据模拟、画图等方式助力理解；若依然有困难，可以扫码观看配套教学视频。但学习算法最重要的是亲自编写体验，在阅读故事中理解知识点，然后上机实践。可能会遇到问题，那就进行调试吧，能力就是在编写和调试中提升的，若有不同的思路和想法，那更好，大胆地进行尝试，再使用"脱困排序塔 算法复杂度"这节的方法，对不同的算法进行比较和评价，你会收获更多。温故而知新，跟着猫三王回顾学过的算法，赚取兑换点吧，每章的"真传一句话"帮助你总结本章知识点，"思维导图"让你对所学内容在算法中的位置一目了然。最后，希望本书可以帮助到每一个对算法有兴趣的孩子，希望每一个孩子都可以醉心数字世界，感受算法之美！

沈晓恬

目 录

CONTENTS

初入零壹界
算法、数据结构和 Python 语言简介

第一节　猴王入异界　老祖重授艺

悟空睁开双眼，眼前出现木制的屋顶，他感觉自己的脑袋还有点晕，又闭上眼睛。适应几秒钟，再次睁眼后，屋顶依旧。他用手撑起身体，晃晃脑袋，感觉好了不少。自从修行有成，悟空已经很多年没感受过这种虚弱感了。他抬头打量四周，看起来有些熟悉，又有些陌生。室内陈设很简单，只有一个柜子，一张床，此刻他自己就坐在床上。

悟空回过神来，低头看看自己，并没有看见熟悉的虎皮裙，反而一身青衣，有点像道童的打扮。

灵台方寸山，斜月三星洞！

心头忽然想起那个熟悉的地方。念及此处，他从床上一跃而起，推开房间的木门，跳到院子中。

院子里有几个穿着相同式样衣服的道人，听到动静，纷纷转头看向悟空。悟空看着眼前的景象，五百多年前的一幕幕慢慢呈现在眼前。

边上有个道人，拿着瓢正在给花浇水，冲着悟空说："你这猴子都来好几年了，还是改不掉这毛毛躁躁的毛病。"说罢，回头继续浇他的花。

悟空朝周围的人讪笑一下，心中疑惑，俺老孙明明陪着师父去西天取经，如何又回到这五百年前的斜月三星洞？他默运火眼金睛，但完全看不出异状。

猴子可不是那种会把问题放在心里的人，心有困惑，自然应该找人去问问。

悟空叫住那浇花道人，问道："师兄，今日师父可开坛讲法？"

浇花道人答道："没有，师父应该还在禅房中打坐，你要做甚？"

悟空没有回答他的问题，只说"多谢师兄，俺老孙告辞！"随后，三步并作两步，跑出了院子。

浇花道人撇撇嘴，自言自语道："真是个性急的猴子。"

悟空绕过回廊，穿过别院，眼前的场景不断和心中的记忆重合起来。

不多时，他来到一座清幽的禅房前。此刻，向来不知紧张为何物的猴子，也免不得有些踟蹰。

心中的困惑终于战胜犹豫，悟空上前正待敲门，木门吱呀一声打开。悟空迈步进屋，却没有看到人影。

一道醇厚的声音突然响起。

"悟空，我知你心中有很多疑问，你且听我道来。"

随着声音响起，房里的蒲团上慢慢出现一个道骨仙风的人影，不是菩提老祖又是何人？

悟空激动地喊了一声："师父！"

菩提老祖轻笑一声，道："我的投影在此界不能耽搁过久，先与你说正事。"

"此间名为零壹界，乃是先天魔神零壹天尊的领域。此人为阻佛法东传，将你等五人摄入此界。此行你要找回唐三藏和众位师弟，然后一路西去，战胜零壹天尊留在此界的分身。我过去和零壹天尊打过交道，因此对他的零壹之道略有了解。"

　　悟空心道，原来如此。

　　菩提老祖颔首道："悟空，想必你也感觉得到，你在外界修得的法力，在此处无甚用处。"

　　悟空心中一紧，一边抓耳挠腮，一边问道："那可如何是好？"

　　"在此界，你体内的法力被转换成另一种形式，我们称之为内存，法力越强，内存越大。内存中的每一个单元里，存储着数据。"

　　悟空听得似懂非懂，等着菩提老祖进一步解释："此间的妖怪，都有其本命问题，运起你的火眼金睛，就能看到。对敌时，你可以通过各种方法，从内存中得出对应的数据，击败敌人。至于其他人，运起他们的法眼，也能看到，无非是看得没你那么清楚罢了。"

　　"你脑中想到的打败妖怪的方法，我们可以称其为算法。打个比方，你打算丢个火球出去打败一个树妖，丢火球的想法就是算法。"

　　"而当你真正打妖怪时，具体用什么法诀丢出这个火球，比如是三昧真火诀还是天罡变化诀，这种法诀称为编程语言。使用编程语言将算法具现出来，就是程序的源代码，简称代码。源代码经过编译，成为可以执行的程序。当然，如果代码是你自己写的，就不必将代码和程序分得那么清楚。"

"原来如此！"悟空连连点头。

"此间天地规则和四大部洲不同，待我传你一套法门，又称为编程语言，可将你的本领发挥出来！"菩提老祖道，"此语言本名为'大蛇'！"

"唔……大蛇？"悟空弱弱道，"作为一个猴子，我能学吗？"

"当然可以，此法直通大道，你也可以将它称作 Python。"

"好吧，Python 就 Python 吧。"悟空此时倒不那么挑剔。

"你可别不情不愿，若 Python 练到大成，世间难得倒你的事情可就不多了！"

"哦，如此这般倒是有趣，师父快点讲讲！"性急的猴子抓耳挠腮。

"你且听好……"菩提老祖开始传授 Python 的基础。

第二节　变量类型及赋值

"拿外界的武功术法来做比喻，想必你这猴头更容易理解。

"你对敌时，先要了解对手属于何种类型，然后记在心中，思考一番，想好用何种方法对付，最后，发出招式解决对手。

"对应到写程序上，你要先了解面对的问题是何种类型，将各种条件记在心中，此为输入；思考一番，确定解题步骤，并且解出答案，此为处理；将答案展示到人前，此为输出。"菩提老祖打了个形象的比方。

"悟空，你可知道输入时，将输入的信息存在何处？处理完后，输出的内容又存在何处？"

"想必就是那内存啦！"悟空眼珠一转，嘴里蹦出一个刚学没多久的词语。

"不错。"菩提老祖点点头，接着道，"此处我们需要引入一个概念——变量。变量其实就是一块内存，使用变量的名字，我们就能直接看到这块内存里的数值。"

"变量名的第一个字符，必须是中文、英文字母或者下划线，后面的字符可以是中英文字符、数字和下划线组成。变量名对大小写敏感，也就是说变量 a 和 A 是不同的变量。

"哦，对了，有一些英文词不能用来当成变量名，它们被称为保留字，Python 自己要使用它们。"

Python3 中的保留字如下。

```
['False', 'None', 'True', 'and', 'as', 'assert', 'break', 'class', 'continue', 'def',
'del', 'elif', 'else', 'except', 'finally', 'for', 'from', 'global', 'if', 'import', 'in', 'is', 'lambda',
'nonlocal', 'not', 'or', 'pass', 'raise', 'return', 'try', 'while', 'with', 'yield']
```

"这可有点多啊，俺要是记不住怎么办呢？"悟空开始挠头。

"你只要记住这个概念就行，写程序的时候如果不小心用了，Python 会提醒你的。"菩提老祖笑着摇头，继续讲解变量的相关知识。

"变量有不同的类型，Python 中最基本的变量类型有数字型（Number）、字符串型（String）、布尔型（Bool）等。不同的变量类型，对应的内存块大小可能不同，同时程序对这块内存的处理方法也不同。"

"师父，什么叫布尔型？"

"布尔型只包含两个值，真（True）和假（False）。经常被用在条件判断上。"

"明白了！"

菩提老祖解答了悟空的问题，继续讲道："除了这些基本的变量类型，Python中还有一些比较复杂的变量类型，比如列表（List）、元组（Tuple）、字典（Dict）和集合（Set）等。我先给你讲讲列表，这是最常用的类型之一。"

"列表是一种有序的集合，也叫数组，可以随时添加和删除其中的元素。你可以将它想象成一个长方形的盒子，里面分成很多小格，每个小格都有自己的编号，编号从 0 开始。每个小格可以存放一个变量，变量可以是不同的类型。"

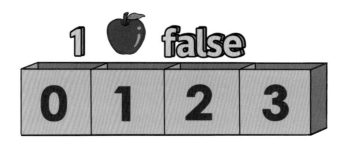

"若要给变量设定某个值，需要通过赋值语句实现。Python 中的赋值语句通过等号（=）来实现。"菩提老祖继续讲解。

悟空点头，表示听明白了。

表达式	描述
a=1	表示有一块名为 a 的内存，它是数字类型的，里面存的值是 1
b='hello'	表示有一块名为 b 的内存，它是字符串类型的，里面存的值是 hello，这里的单引号只是表示字符串类型，并不真正地存在内存中，也可以用双引号来表示字符串，如 b="hello"
c=True	表示一块名为 c 的内存，它是布尔型变量，里面存的值是 True
d=[1,"apple",False]	表示 d 是一个列表类型的变量，它包含了三个元素，这三个元素的值分别为数字 1，字符串 "apple"，布尔型变量 False。单独访问它的元素时，可以通过 d[0] 来得到第一个元素，d[1] 得到第二个元素，d[2] 得到第三个元素

菩提老祖道："其余更复杂的变量类型和赋值方法，日后你可自行慢慢体悟。"

第三节 基本运算符

数学运算符（假设 a=5，b=2）

"对各种类型的变量，都有一些基本运算符，比如最常见的数字运算符，Python 中有一套运算符来实现基本的加减乘除操作。这些基本操作就像武术中的基本招式一样，如直拳、摆拳、鞭腿、正踹、膝撞、肘击，等等。"

运算符	描述	实例
+	加——两个对象相加	a + b 输出结果 7
-	减——得到负数或是一个数减去另一个数	-a 输出结果 -5，a - b 输出结果 3
*	乘——两个数相乘或是返回一个被重复若干次的字符串	a * b 输出结果 10
/	除——x 除以 y	a / b 输出结果 2.5
%	取模——返回除法的余数	a % b 输出结果 1
**	幂——返回 x 的 y 次幂	a**b 为 5 的 2 次方，输出结果 25
//	取整除——返回商的整数部分（向下取整）	a//b=2

字符串运算符（假设 a='Hello'，b='Python'）

"有趣有趣，和我三百多岁刚学算术时的规矩一样呢！"悟空插嘴，"师父，那字符串有运算符吗？总不能两个字符串相加吧？"

"哈哈，自然也是有的！"菩提老祖笑着回答。

操作符	描述	实例
+	字符串连接	a + b 输出结果 'HelloPython'
*	重复输出字符串	a * 2 输出结果 'HelloHello'
[]	通过索引获取字符串中字符	a[1] 输出结果 'e'
[:]	截取字符串中的一部分	a[1:4] 输出结果 'ello'
in	成员运算符——如果字符串中包含给定的字符，返回 True	"H" in a 输出结果 True
not in	成员运算符——如果字符串中不包含给定的字符，返回 True	"M" not in a 输出结果 True

比较运算符（假设 a=5，b=2）

"字符串和数字类型的变量，都可以比较大小，所以我们还有比较运算符。"

运算符	描述	实例
==	等于——比较两个对象是否相等	(a == b) 返回 False
!=	不等于——比较两个对象是否不相等	(a != b) 返回 True
>	大于——返回 x 是否大于 y	(a > b) 返回 True
<	小于——返回 x 是否小于 y	(a < b) 返回 False
>=	大于等于——返回 x 是否大于等于 y	(a >= b) 返回 True
<=	小于等于——返回 x 是否小于等于 y	(a <=b) 返回 False

说明：所有比较运算符返回 1 表示真，返回 0 表示假。这分别与特殊的变量 True 和 False 等价。注意这些变量名的大小写。

"切记，使用比较运算符时，比较的双方得是同一类型！"菩提老祖补充道。

"这俺自然晓得，不是一个类型的东西，那还比个啥？"悟空连连点头。

逻辑运算符（假设 a=5，b=2）

菩提老祖接着说道："同样，还有一种逻辑运算符，可以对变量进行逻辑运算。"

"逻辑运算我知道，就是与或非嘛，哈哈！"悟空大笑。

与运算中，当进行运算的两个变量都为真时，结果才为真；否则，结果为假。

或运算中，当进行运算的两个变量都为假时，结果才为假；否则，结果为真。

非运算中，当进行运算的变量为真时，结果为假；否则，结果为真。

运算符	逻辑表达式	描述	实例
and	x and y	布尔 " 与 "——如果 x 为 False，x and y 返回 False，否则它返回 y 的计算值	(a and b) 返回 2
or	x or y	布尔 " 或 "——如果 x 是 True，它返回 x 的值，否则它返回 y 的计算值	(a or b) 返回 5
not	not x	布尔 " 非 "——如果 x 为 True，返回 False；如果 x 为 False，它返回 True	not(a and b) 返回 False

悟空听了菩提老祖的讲述，挠着脑袋问道："这么说来，逻辑运算符也能被用于数字型和字符串变量吗？"

菩提老祖赞许地看了眼猴子，点点头。

"在 Python 中，进行逻辑运算时，数字 0 或者空字符串，会被认为等价于 False；而非零数字，或者非空字符串，会被认为等价于 True。切记，这是 Python 的特别招式，其他的编程语言可不太一样。"

"明白！"悟空听得秘技，喜不自胜。

赋值运算符

"其实，还有一种非常常用的运算符，称为赋值运算符，它的作用就是把一个值赋给一个变量。"菩提老祖继续说道。

"哦，就是通过等号来赋值嘛，这个简单，俺老孙知道了！"

"真是个性急的猴子，事情没你想得那么简单，来仔细看看。"菩提老祖笑骂。

运算符	描述	实例
=	简单的赋值运算符	c = a + b 将 a + b 的运算结果赋值给 c
+=	加法赋值运算符	c += a 等效于 c = c + a
-=	减法赋值运算符	c -= a 等效于 c = c - a
*=	乘法赋值运算符	c *= a 等效于 c = c * a
/=	除法赋值运算符	c /= a 等效于 c = c / a
%=	取模赋值运算符	c %= a 等效于 c = c % a
**=	幂赋值运算符	c **= a 等效于 c = c ** a
//=	取整除赋值运算符	c //= a 等效于 c = c // a

悟空恍然大悟："原来是这样，相当于在赋值前先做一次计算。师父你说发明 Python 的人是不是故意让那些没学过的人看不懂呀！嘿嘿！"

"你这猴头！"菩提老祖作势要打。

运算符的优先级

悟空连忙转移话题："师父，您老人家既然讲了那么多运算符，那么在程序中，谁先谁后呢？要是没有先后，岂不是乱套了？"悟空将心底的疑问说了出来，菩提老祖的注意随即被这个问题转开。

下表中，越靠上的运算符类型优先级越高。

运算符	描述
**	指数（最高优先级）
* / % //	乘，除，取模和取整除
+ -	加法，减法
<= < > >=	比较运算符
= %= /= //= -= += *= **=	赋值运算符
in not in	成员运算符
not and or	逻辑运算符

"基本的先后顺序是从左往右，先计算括号中的部分，再计算不在括号中的部分，其中优先级高的先计算。"菩提老祖总结道，"跟你三百多岁开始学算术的时候，我告诉你的一样。"

"……"猴子无语。

第四节　控制结构

菩提老祖用拂尘指指悟空，继续他的教学工作。

"如你与人争斗时一样，你不可能只使用一招基本招式，也不可能每次使用一模一样的打法。在程序中，也必然要用到一些结构来控制程序如何执行各种操作，这种结构称为控制结构。"

"我不是很明白。"悟空似懂非懂，眼中露出些许迷茫之色。

"待我仔细讲解一下。

"程序中一般有3种控制结构：顺序结构，分支结构，循环结构。

"顺序结构最容易理解，一行行程序按顺序执行，做完一行，再做下一行。顺序结构不需要特别的控制语句。"

悟空点头表示明白。

顺序结构

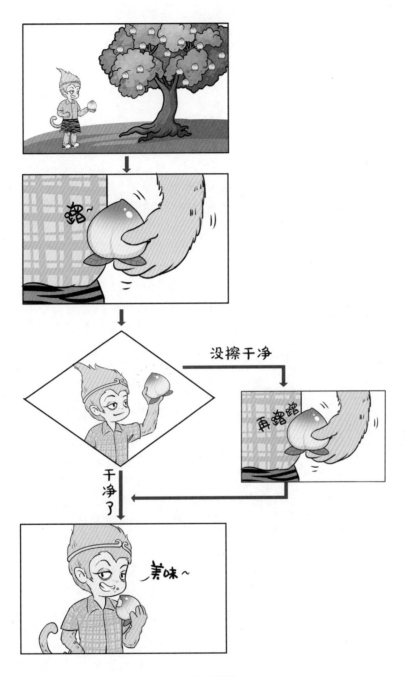

分支结构

"分支结构中，需要加判断条件，判断满足何种条件时，做什么事情。"

"那么，吃桃子的时候，判断桃毛是否蹭干净，就是分支结构语句？"悟空问道。

"不错！"菩提老祖接着说，"Python 中的分支结构语句使用 if...elif...else 的方法来表达。"

```
# 分支结构
# if
a = 1
if a == 1:
    print(' 此时 a 等于 1')
# if...else
a = 2
if a == 1:
    print(' 此时 a 等于 1')
else:
    print(' 此时 a 不等于 1')
# if...elif...else
a = 2
if a == 1:
    print(' 此时 a 等于 1')
elif a == 3:
    print(' 此时 a 等于 3')
else:
    print(' 此时 a 等于 2')
# 分支结构
# if...elif...elif...else
a = 2
if a == 1:
    print(' 此时 a 等于 1')
elif a == 3:
    print(' 此时 a 等于 3')
elif a == 4:
    print(' 此时 a 等于 4')
else:
    print(' 此时 a 等于 2')
# if 嵌套
a = 2
b = 5
if a == 2:
    if b == 3:
        print(' 此时 a 等于 2，b 等于 3')
    else:
        print(' 此时 a 等于 2，b 不等于 3')
else:
    print(' 此时 a 不等于 2')
```

如果 a 等于 1，打印"此时 a 等于 1"。

如果 a 等于 1，打印"此时 a 等于 1"；否则打印"此时 a 不等于 1"。

如果 a 等于 1，打印"此时 a 等于 1"；如果 a 等于 3，打印"此时 a 等于 3"；否则打印"此时 a 等于 2"。

如果 a 等于 1，打印"此时 a 等于 1"；如果 a 等于 3，打印"此时 a 等于 3"；如果 a 等于 4，打印"此时 a 等于 4"；否则打印"此时 a 等于 2"。

如果 a 等于 2 时：b 等于 3，打印"此时 a 等于 2，b 不等于 3"；否则打印"此时 a 等于 2，b 不等于 3"。否则（如果 a 不等于 2），打印"此时 a 不等于 2"。

"简单！"悟空挺得意。

"你这猴头可得看仔细，if 或者 elif 后面跟的表达式里，判断是否相等时，可得用两个等号。这是一个比较运算符。"

"师父不说，我还真没注意呢！"悟空挠着后脑勺讪笑着。

if 和 elif 后的条件表达式如果成立，则会执行此分支程序；如果不成立，则不会执行；如果所有条件都不成立，则会进入 else 分支。

"第三种控制结构称为循环结构，如果同样的操作被反复执行，便可以使用循环结构。"菩提老祖继续讲解。

"师父，这俺就不明白了，既然同样的操作被反复执行，为什么不把同样的代码多写几遍？反正也不费事。"悟空发问。

20次

循环结构

菩提老祖一笑："写程序时可不一定知道要执行几次，万一要执行个千百次操作，你还真的在程序中抄那么多次？而且使用循环结构，你可以动态地控制循环的次数。"

"此话怎讲？"悟空问。

"比如你有一段吃桃子的程序，眼前就有一筐桃子，你要通过程序把它吃完。如果写程序的时候，已经规定了你一次能吃的桃子个数，那么筐里的桃子多了你会吃不完，少了你又不够吃。只有在程序开始运行之后，根据筐里桃子的数量来决定每次吃几个桃子，才会刚刚好。"

"哦！"悟空恍然大悟，"要是现在真有一筐桃子就太好了！"

在 Python 中，循环结构大致可以分成两种，一种是遍历循环，另一种是无限循环。

所谓遍历循环就是遍历某一个结构形成的循环运行方式。具体说来，比如有一个列表，里面包含了数字 1~20，基于这个列表进行的遍历循环，就会执行 20 次。

无限循环是由条件控制的循环方式，反复执行代码，直到不满足循环条件为止。

以猴子吃桃子的故事来举例，遍历循环就是先看看筐里有几个桃子，挨个儿拿出来吃。无限循环就是看看筐里还有没有桃子，有就拿出来吃，没有就停止循环。

遍历循环的语法使用 for...in...，无限循环的语法使用 while。

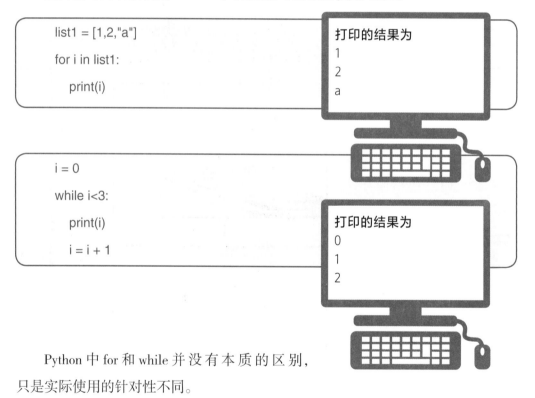

```
list1 = [1,2,"a"]
for i in list1:
    print(i)
```

打印的结果为
1
2
a

```
i = 0
while i<3:
    print(i)
    i = i + 1
```

打印的结果为
0
1
2

Python 中 for 和 while 并没有本质的区别，只是实际使用的针对性不同。

如果执行过程中要退出循环，可以使用 break 和 continue 语句。break 会退出整个循环部分代码，continue 则会跳过当前这次执行的代码，继续下一次循环。

break :

```
i=0
while i<5:
    i=i+1
    if i%2==0:
        print(" 把它吃掉 !")
        break
    print(" 擦擦桃子 ,")
```

当满足条件 i 被 2 整除时，break 跳出整个循环。

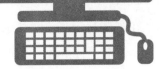

打印的结果为
擦擦桃子，
把它吃掉！

continue:

```
i=0
while i<5:
    i=i+1
    if i%2==0:
        print(" 把它吃掉 !")
        continue
    print(" 擦擦桃子 ,")
```

当满足条件 i 被 2 整除时，打印，continue 跳出当前这次循环，继续做下次循环。

打印的结果为
擦擦桃子，
把它吃掉！
擦擦桃子，
把它吃掉！
擦擦桃子，

第五节　函数

说到这里，性急的猴子觉得自己已经掌握了 Python 的基本用法，迫不及待地想要试试手。

菩提老祖怎会不知道这猴子心思，不过还有点重要的东西没有讲完。

"悟空，想要成为高手，光是上面讲的内容还不够。"

这话吊起了悟空的好奇心："哦？还有什么？"

"所谓高手，都有自己的绝招，这绝招通常是由一串基本招式构成，高手们将其练熟，在某些特定场合一并使出。你当年不是有一招叫做'万棍朝宗'吗？在瞬间挥出一万棍，打击在一个点上。"

"嗯，师父得的没错！Python 中也有这样的绝招吗？"悟空眼放精光。

"Python 中有个东西叫作函数，这就相当于绝招。"菩提老祖接着说道，"函数是组织好的、可重复使用的、用来实现单一或相关联功能的代码块。"

"明白，函数就是带名字的代码块。好比俺老孙平时练熟一串招式，这就是一个代码块，俺给它起个名字叫万棍朝宗，就是函数名了。等对敌时候，俺大喝一声，把这大招使用出来，这就是调用函数！"悟空又兴奋起来。

"孺子可教也。"菩提老祖捻须微笑。

Python 使用 def 语法来定义函数。函数中可以没有参数和返回值。函数名的要求和变量名的要求一样，首字以字母和下划线开头，后续由英文字母、下划线和数字组成，对大小写敏感。

```
def 函数名 ( 参数 ):
    功能代码
    return 返回值
```

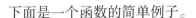

下面是一个函数的简单例子。

```
def wangunchaozong(t):
#range 函数用于生成一系列连续整数，一般用于 for 循环中
    for i in range(t):
        print(" 打一棍 ")
    return i+1
goal = 10
actual = wangunchaozong(goal)
print(" 实际打了几棍？ ")
print(actual)
```

定义一个叫 wangunchaozong 的函数，该函数带有一个输入参数。

调用这个函数，输入的参数是 goal，它的值等于 10。

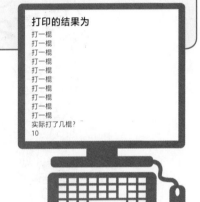

打印的结果为
打一棍
打一棍
打一棍
打一棍
打一棍
打一棍
打一棍
打一棍
打一棍
打一棍
实际打了几棍?
10

Python 自带大量常用函数，本书中最常用的 print 函数就被用来将变量显示到输出窗口中。同时世界上众多的 Python 开发者们也贡献了大量的函数库，方便人们在编辑过程中实现各种功能。

第六节　初战小妖

说罢，菩提老祖轻挥大袖，悟空眼前的场景顿时变化，像是来到一处荒山，只见十几米远的地方有块巨大岩石。一个小妖从岩石后蹦出。那小妖手握一根骨棒，嗷嗷叫着向悟空冲来。悟空默运火眼金睛，看见小妖身后隐约有层黑雾，雾中凝结出一道题目：1+1。

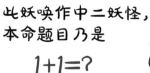

悟空想起菩提老祖的教导，默默定义一个变量 a，并将 1+1 赋值给此变量，随后调用 print（a）将结果输出。

```
a=1+1
print(a)
```

随着数字 2 在天地间闪现，那小妖顿时如遭雷击，瞬间被打得灰飞烟灭。

悟空心想，这也是挺简单的嘛，有了这个程序，加法类型的小妖是来多少灭多少。

"悟空，"菩提老祖的话语打断了悟空的思路，将他的念头拉回面前，"Python 和其他一些编程语言不同，它使用缩进来表示代码块，不需要使用大括号 {}。缩进的空格数是可变的，但同一代码块的语句，必须包含相同的缩进空格数。通常每一行包含一条 Python 语句，语句结束直接换行，不需要加分号。"

"另外，代码中可以添加一些说明性文字，称为注释，Python 中的单行注释以 # 开头，多行注释可以用多个 # 号，也可以用 '' 或者 """。注释不会被执行，只是方便人们阅读代码。"

```
# 第一个注释
# 第二个注释
'''
第三注释
第四注释
'''
"""
第五注释
第六注释
"""
print ("Hello, Python!")
```

悟空点头表示记住了，这时的他已经算是入门了。

第七节　数据结构

内存和数据结构

悟空默运火眼金睛，内视己身，发现自己的内存单元密密麻麻，不太数得清楚，便好奇地问菩提老祖："师父，我现在到底有多少个内存单元呢？"

菩提老祖回答："内存的最小单位叫做字节，西方的叫法是 Byte。你现在有

32GB，大约 320 亿个字节。"

悟空脱口而出："俺滴个乖乖，320 亿，居然这么多。"

菩提老祖发出一阵笑声，"你这个没见识的猢狲，零壹天尊的内存至少是 NB 级别的，1NB = 1024BB，1BB=1024YB，1YB=1024ZB，1ZB=1024EB，1EB=1024PB，1PB=1024TB，1TB=1024GB，1GB=1024MB，1MB=1024KB，1KB=1024Byte，1Byte=8bit。bit 是内存中的最小单位，称为位。每位中只能存放 0 或 1 这两个值之一。"

悟空心里大概合计了下，暗道："1NB 大约等于十万亿亿 GB，差距有点大。怪不得这单位就叫 NB。"

说着，菩提老祖又挥了挥袖子。下一刻，悟空回转到之前的禅房中。菩提老祖继续说道："你才刚刚上路。"

不服输的猴子想到只要自己的内存翻倍 65 次就能赶上零壹天尊，顿时觉得前途一片光明。

"为了应付更复杂的情况，你内存中的数据，需要进行组织。在此界，我们将数据的组织形式和存储方法统称为数据结构。常用的数据结构，主要包括线性结构和非线性结构，非线性结构中又包含树结构和图结构。"

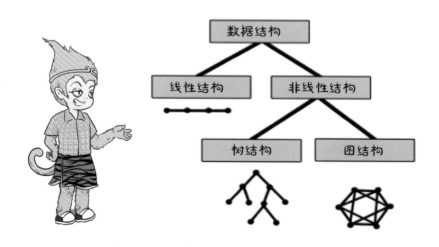

线性结构

线性结构是最基本也是最简单的一种数据结构，它是由若干个数据元素构成的有限序列。

线性结构的特征是：

> 1. 必定存在唯一的第一个元素；
> 2. 必定存在唯一的最后一个元素；
> 3. 除最后一个元素外，其他元素都有唯一的后继元素；
> 4. 除第一个元素外，其他元素都有唯一的前驱元素。

线性结构按不同的物理存储方式可分成顺序表和链表。

顺序表在内存中连续存储数据。链表除了存储数据，还包含指针，指针记录了下一块数据在内存中的位置（地址）。

"懂了！"悟空兴奋地大叫。

菩提老祖对悟空说："既然你已经懂了，那么我来考考你。你替我构建一个结构，要让这个结构实现下面的功能，越先进入这个结构的数据，越后才能被取出，这种结构，我们称之为栈。"

在程序中，我们通常只记录某一个数据结构的开始地址，而要取得这个结构中任何一个数据时，我们需要通过一些方法来计算目标数据的地址。

要建立一个栈，其实就是实现两个方法，push（进栈）和 pop（出栈）。push 方法是将新的值放到栈结构的顶

顺序表在内存中的存储方式

数据

链表在内存中的存储方式

数据　指针

部，pop 方法是获得该结构顶部元素的值。

悟空心想，我可以使用一个顺序表来存储变量，同时使用一个栈指针来表示栈结构顶部元素的位置。在 push 时，指针加 1，然后把新的值存在新的顶部位置。在 pop 时，根据指针得到顶部元素的值，然后位置减 1。

核心算法如下：

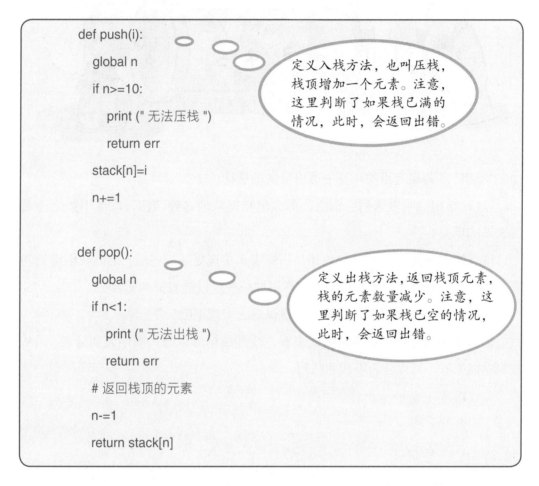

```
def push(i):
    global n
    if n>=10:
        print (" 无法压栈 ")
        return err
    stack[n]=i
    n+=1
```

定义入栈方法，也叫压栈，栈顶增加一个元素。注意，这里判断了如果栈已满的情况，此时，会返回出错。

```
def pop():
    global n
    if n<1:
        print (" 无法出栈 ")
        return err
    # 返回栈顶的元素
    n-=1
    return stack[n]
```

定义出栈方法,返回栈顶元素,栈的元素数量减少。注意，这里判断了如果栈已空的情况，此时，会返回出错。

悟空建立栈之后，问菩提老祖："师父，既然有一种结构是先进后出的，那么是不是还有一种结构是先进先出的呢？"

"不错！"菩提老祖的声音中透出赞赏的意味。

"这种结构，叫做队列。悟空，那么你觉得队列这种结构，应该用数组还是链表来实现呢？"

悟空挠挠脑袋，说道："应该还是用链表来实现更好一些吧？之前我们讲到列表和链表的优缺点的时候，提到一系列属性……所以链表更加适合吧？"

菩提老祖点头："以后你有机会，也试着去实现下吧！"

根据上面的分析，从存储形式来看，线性结构可以分为顺序表和链表；而从逻辑功能来看，可以分为堆栈和队列。

本节完整代码：

```
# 栈的数组，在这个例子中，默认值设为 0，栈的深度为 10
stack = [0]*10
# 栈的指针，指向栈的顶部
n = 0
# 出错信息
err = -1
# 栈只提供两个操作，压栈 push 和出栈 pop
def push(i):
    global n
    if n>=10:
        print (" 无法压栈 ")
        return err
    stack[n]=i
    n+=1
def pop():
    global n
    if n<1:
        print (" 无法出栈 ")
        return err
    n-=1
    return stack[n]

# 只进行压栈和出栈操作，可随意更改顺序，观察输出
pop()
push(1)
push(2)
pop()
push(3)
push(4)
pop()
push(3)
push(4)
push(3)
push(4)
push(5)
push(6)
# 打印栈，观察情况
print(stack)
```

非线性结构

悟空不愧是灵明石猴出身，学起东西来确实有举一反三的能耐。他继续向菩提老祖发问道："师父，不管是栈还是队列，都是一个接一个下来的，是否有更复杂一点的结构呢？我在看管蟠桃园的时候，见那些蟠桃树都是枝杈，甚是复杂。"

菩提老祖哈哈大笑："你这猴头，还是忘不了王母娘娘的蟠桃呐！此间确实有一种名为树的结构，对你非常有用。来来来，我们再来研讨一番。"

在现实世界中，有些复杂的情况，线性结构有时难以胜任。一些数据之间，存在着一对多的关系，这就构成了所谓的树状结构，简称树。

与线性结构不同，树采用非线性结构组织数据。

直观地看，树结构组织起来的数据应该有层次关系。在我们真实的世界中，具有这类特性的数据的应用十分广泛。

用形式化的语言描述，树是由 n（n>0）个结点组成的有穷集合。在任意一棵非空树中，有且仅有一个称为根（root）的结点；当 n>1 时，其余的结点分为 m（m>0）个互不相交的有限集合，T1，T2，…，Tm。其中，每个集合本身又是一棵树，被称为根的子树（subtree）。

树结构的物理存储形式很多，最简单的一种被称为多重链表。在多重链表中，每个结点由一个数据域和若干指针域组成，其中，每个指针指向该结点的一

个子结点。

"这零壹之道真是了不起啊！"悟空由衷地赞叹道。"那么还有更厉害的结构吗？"

"还有一种更复杂的结构，被称为图。"

"图？这名字一听就很厉害啊，如同太上老君的太极图，通天教主的诛仙阵图，都是能镇压大教气运的宝贝。"悟空心里默默地说道。

从之前的描述中，我们可以发现线性结构是一种前后关系，树结构是一种层次关系，各个子树互不相交。而图结构中，任何两个数据元素之间都可能存在关系。图（Graph）是由顶点的非空有限集合 V（由 n>0 个顶点组成）与边的集合 E（顶点之间的关系）所构成的。如果图中每一条边都没有方向，称为无向图；若有方向，则称为有向图。

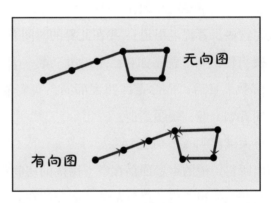

最常见的存储方法有两种，邻接矩阵的存储方法和邻接表的存储方法。

邻接矩阵利用两个数组来存储一个图，一个一维数组表示图的各个顶点，一个二维数组表示顶点间的关系。

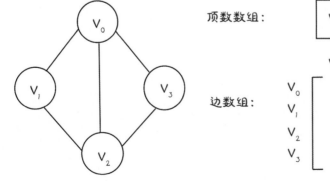

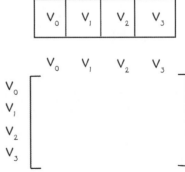

邻接表利用数组和链表来存储一个图。使用一个一维数组表示图的各个顶点，每个顶点有一个对应的链表，用来表示由这个顶点发出的边。对于边数比较少的图而言，更适合用邻接表的存储结构。

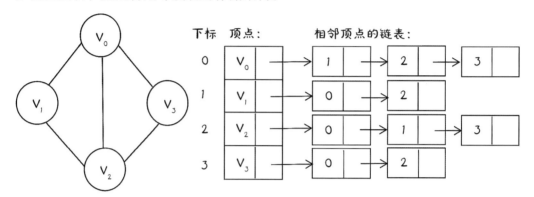

讲完图的概念后，菩提老祖又传了悟空几个基本的小法术，比如如何飞行，如何变化等。悟空也默默记在心头。

说完这些，菩提老祖道："我在此界的时间有限，对于零壹之道的了解也已经基本传授与你，剩下就靠你自己了。唐三藏一干人等目前正身陷排序塔中，你速去将人解救。日后，待你重回四大部洲，我们依然保持原来的关系吧！"说罢，身形如同青烟一般，缓缓消逝。

悟空大喊："师父！师父！"

不出所料，他的声音回荡在空空荡荡的房间里，再没人答应。

悟空转念一想，当务之急是解救取经组众人，然后从这零壹界中脱身。

真传一句话

程序

计算机程序是一组计算机能识别和执行的指令，运行于电子计算机上，满足人们某种需求的信息化工具。

编程语言

计算机编程语言是程序设计中最重要的工具，它是指计算机能够接受和处理的、具有一定语法规则的语言。从计算机诞生至今，计算机语言经历了机器语言、汇编语言和高级语言这几个阶段。

在所有的编程语言中，只有机器语言编制的源程序能够被计算机直接理解和执行，用其他语言编写的程序都必须利用语言处理程序"翻译"成计算机所能识别的机器语言程序。

Python

Python 是一种跨平台的计算机程序设计语言，属于高级语言范畴，功能强大，用户众多，越来越多地被用在各类项目开发中。

变量

变量来源于数学，是计算机语言中能储存计算结果或能表示值的抽象概念。变量一般存储在内存中，可以通过变量名访问。在不同的编程语言中，变量的类型、命名以及使用方法可能不同。Python 语言中常用的变量类型有数字型（Number）、字符串型（String）、布尔型（Bool）等，还有一些比较复杂的，比如列表（List），元组（Tuple）、字典（Dict）和集合（Set）。

保留字

有一些英文词不能用来当成变量名，它们被称为保留字，因为 Python 要使用它们，如果不小心在程序中使用了，Python 会自动提醒。

运算符

运算符用于执行程序代码运算，会针对一个及以上操作数项目来进行运算。

运算符类型包括数学运算符、字符串运算符、比较运算符、逻辑运算符、赋值运算符等。

运算符的优先级

在一个表达式中可能包含多个由不同运算符连接起来的不同数据类型的数据对象。由于表达式有多种运算，不同的结合顺序可能得出不同的结果，甚至出现错误运算，因为当表达式中含多种运算时，必须按一定顺序进行结合，才能保证运算的合理性和结果的正确性、唯一性。

表达式的结合次序取决于表达式中各种运算符的优先级。优先级高的运算符先结合，优先级低的运算符后结合。

控制结构

控制结构（control structure）就是一种程序运行的逻辑。一般语言都有三种控制结构：顺序结构，分支结构，循环结构。

顺序结构

从执行方式上看，从第一条语句到最后一条语句完全按顺序执行，是简单的顺序结构。

分支结构

若在程序执行过程当中，根据用户的输入或中间结果去执行若干不同的任务则为分支结构。

循环结构

如果在程序的某处，需要根据某项条件重复地执行某项任务若干次，或是直到满足或不满足某条件为止，这就构成循环结构。

函数

函数是指一段可以直接被另一段程序或代码引用的程序或代码，也叫做子程序。一个较大的程序一般应分为若干个程序块，每一个程序块用来实现一个特定的功能。所有的高级语言中都有函数这个概念，用函数实现模块的功能。函数可以带输入参数，也可以不带；可以有返回值，也可以没有。

在程序设计中，常将一些常用的功能模块编写成函数，放在函数库中供公共选用。要善于利用函数，以减少重复编写程序段的工作量。

数据结构

数据结构是计算机存储、组织数据的方式。选择合适的数据结构可以带来更高的运行或者存储效率。

数据结构的类型

按照数据元素在内存中的物理存储方式来划分，通常可以分为顺序表和链表。

按数据元素之间的逻辑关系来划分，通常可以分为线性结构和非线性结构。

严格来说，还有一种结构叫集合。集合中的元素，除了"同属于这个集合"的关系外，没有其他的关系。

顺序表

顺序表的特点是，借助元素在存储器中的相对位置来表示数据元素之间的逻辑关系，通常是在内存中分配一块连续的空间，其中的每个内存单元存储一个数据元素。

链表

链表借助指示元素存储地址的指针表示数据元素之间的逻辑关系。通常数据元素在内存中不连续分布，每个数据元素包括它的值和若干指向相关元素的指针。

线性结构

线性结构根据逻辑功能又可以分为栈和队列。线性结构满足下面几个特征：

1. 必定存在唯一的第一个元素；

2. 必定存在唯一的一个最后的元素；

3. 除最后的元素外，其他数据元素都有唯一的后继元素；

4. 除第一个元素外，其他元素都有唯一的前驱元素。

栈

栈是一种线性结构，栈中的数据元素遵守"先进后出"。

允许元素插入与删除的一端称为栈顶，另一端称为栈底。栈的常用操作为：出栈，一般命名为 pop；进栈，一般命名为 push。

栈通常可以用顺序表来实现，当然链表也能实现。

队列

队列是一种线性结构，队列中的元素遵守"先进先出"。

允许元素删除的一端称为前端（队首），允许元素插入的一端称为后端（队尾）。

队列通常可以用链表来实现，当然顺序表也能实现。

非线性结构

非线性结构可以分成树和图。非线性结构中各个结点之间具有多个对应关系。

树

在树结构中，有且仅有一个根结点，该结点没有前驱结点。在树结构中的其他结点都有且仅有一个前驱结点，而且可以有多个后继结点。树结构体现了一对多的关系，是有层次的结构。树经常可以采用多重链表的方式存储。

图

图结构中，数据结点一般称为顶点，而边是顶点的有序偶对。如果两个顶点之间存在一条边，那么就表示这两个顶点具有相邻关系。图经常采用邻接矩阵和邻接表来进行存储。

多重链表

链表的数据元素（结点）可能属于多个链，通常表现为包含多个指针域。注意，双向链表尽管有两个指针域，但每个结点仍然处于同一个链上，所以不是多重链表。

邻接矩阵

使用一个二维数组来表示图中所有顶点之间的关系。

邻接表

存储方法跟树的多重链表示法相类似，是一种顺序分配和链式分配相结合的存储结构。如这个表头结点所对应的顶点存在相邻顶点，则把相邻顶点依次存放于表头结点所指向的单向链表中。

第一章

探秘排序塔

第一节　解救小白龙　直接插入排序

悟空周围的空间似乎发生了塌陷。斜月三星洞的建筑和陈设突然如万花筒般变化起来。悟空眼前一花，只见一座高塔，耸入云霄。此塔从外面看来不知有多少层，塔身散发着氤氲宝光，周围都是混沌迷雾，不知所处何方。悟空暗道："好一座宝塔，比那托塔李天王的宝塔似乎更强一筹，不知这塔中有何古怪，待俺老孙细细看来。"

悟空迈步来到塔前，这塔基就有三丈多高，周围更不知有多广。他拾级而上，见到宝塔一层大门之上，挂有一块牌匾，上书三个大字——"排序塔"。这大门高三丈，朱红的油漆，每扇门上都有九九八十一个闪亮的金钉。悟空将金箍棒擎在手中，走到门前，单手用力推门。只见那貌似沉重的巨大塔门，向内打开。待门开后，落入眼中的是一片让人目眩神迷的色彩。时空隧道？悟空脑海中不知为何出现这个词语。

深吸口气，悟空跨入那隧道，天旋地转间只觉周围场景一阵变换。

映入悟空眼中的是一根石柱。石柱拔地而起，高约三十丈，颇有一种顶天立地的感觉，四周人头攒动，将其围得水泄不通。

悟空是个喜好热闹的家伙，他竖起耳朵，希望从鼎沸的人声中，分辨出这么多人聚集在此的原因。

"哦，原来这里正在进行一场攀岩比赛，有趣有趣，俺老孙要是参加，绝对能拔得头筹。"悟空一边点头，一边自言自语。

既然是看热闹，当然要找个前排位置，悟空挤进人群。可他突然发现这些人似乎没有实体，自己从人群中穿过时居然感觉不到任何阻力。

穿过人群，悟空来到石柱脚下。石柱周长十丈左右，表面凹凸不平，一根麻绳从石柱顶上垂下。围观人群和石柱之间有一块空地，空地上有十几个人正抬头观望石柱。其中有个白衣人正好背对悟空，左手拿着几根线香，手舞足蹈地比画着什么。

悟空上前，发现白衣人正是小白龙敖烈。他大喊一声"小白龙！"却不见敖烈搭理。

此时，空气中浮现金色字迹："写一个算法，让身为裁判的小白龙在攀岩比赛完成后，能立即得到所有参赛选手的名次。"

悟空心想："这攀岩比赛规则非常简单，就是按照用时长短来确定名次，时间越短的名次越靠前。小白龙手上的线香，用来计时正好。一位选手对应一根线香，选手开始攀爬的时候，小白龙点燃线香；攀登到石柱顶端时，小白龙熄灭线香。剩余线香越长的选手，说明用时越短。

　　"第一名选手完成比赛后，拿着线香站在旁边。其后每位选手一旦完成比赛，就将自己的线香和已经完成比赛的选手们进行比较，找到合适的位置，这样他前面的选手线香都比他长，后面的选手线香都比他短。如果每位选手都如此操作，可以保证任何时候，已经完赛的选手都能按成绩排好顺序。当所有选手都结束比赛后，这名次自然就排好了。"

　　这种排序方法被称为直接插入排序，从源数组中，按顺序取出元素，并在已经排好序的部分中，找到合适的位置插入，该位置之后的元素，也要相应往后移动一个位置。

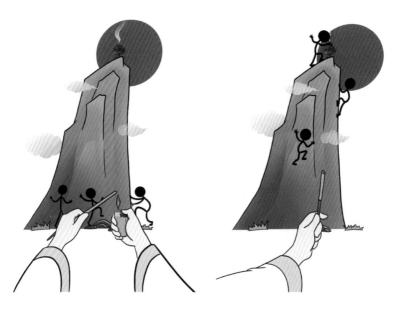

这里用到循环结构。

核心算法如下：

```
tmp = initList [i]
j = i-1
while j >= 0 and tmp > initList[j]:
    initList [j+1] = initList [j]
    j -= 1
initList [j+1] = tmp
```

tmp 是还未进行排序的元素，j 及它之前的元素已经完成排序。

对完成排序的部分从后往前循环，其中每个元素和 tmp 进行比较，如果该元素比 tmp 小，则往后移一个位置。否则插入 tmp。

悟空打出手印，这段代码生效。

看俺绝招！

直接插入排序

　　顿时，攀岩赛场如镜面般碎裂，悟空感觉自己身处一个空旷的大厅。小白龙敖烈茫然地出现在悟空面前。敖烈的紫金冠有点歪，一只带着奇怪帽子的胖猫趴在敖烈的紫金冠上，以轻蔑的眼神，居高临下地看着悟空。

　　小白龙见到悟空，便问悟空道："大师兄，这是哪里？我们怎么会来这里？"

悟空隐去了菩提老祖一节，只将零壹界的基本情况和小白龙介绍一番。随即指指小白龙头上的猫，问小白龙："小白龙，这是？"小白龙翻了个白眼，顺便看了下头顶的猫，对悟空说："我清醒之后，就在一处攀岩赛场中当裁判，这猫一直在旁边捣乱。当时我感觉空间似乎有些振动，那猫就跳到我头上，随即我就出现在这里了。"

悟空点了点头："既然它跟你有缘，我们就带上它吧！"

小白龙想把胖猫从紫金冠上拿下来，但胖猫不肯松爪，似乎特别中意小白龙的紫金冠。小白龙无法，只好听之任之。

悟空指着大厅中央的楼梯，对小白龙说："我们上楼看看吧，也许师父他们就在楼上。"小白龙点头，跟在悟空身后向楼梯走去。

本节完整代码：

```python
initList = [3, 8, 5, 4, 6]
tmp = 0
for i in range (len (initList)):
    tmp = initList [i]
    j=i-1
    while j >= 0 and tmp > initList[j]:
        initList [j+1] = initList [j]
        j -= 1
    initList [j+1] = tmp

print (initList)
```

第二节　瓜田中的八戒　选择排序

楼梯大约有十几米高，不太宽，呈螺旋形上升。悟空走在前面，小白龙顶着那胖猫，跟在悟空身后。

不多时，两人走到楼梯的尽头。二楼的入口依然是一段时空隧道。

斗转星移，入目的是一片西瓜地。西瓜地里有个胖胖的身影在那里忙来忙去。毫无疑问，眼前的就是猪八戒。

八戒为什么在那里忙碌呢？悟空有了之前的经验，仔细观察起周围的环境。在瓜地旁边有块牌子，上面写着："要吃西瓜可以，先从小到大排好顺序"。

悟空心想："八戒这是在找最小的西瓜吧？这呆子，平时吃东西，不管三七二十一，拿起来就往嘴里塞。嘿嘿，这回看得见吃不着，活该。不过我们若要将他弄出来，得想想办法。"

"这看起来需要用另一类排序的方法，"悟空对小白龙说，"我们把这个算法写下来吧。此法每次要选择一个最小的元素，我们就把它称为选择排序吧！"

选择排序

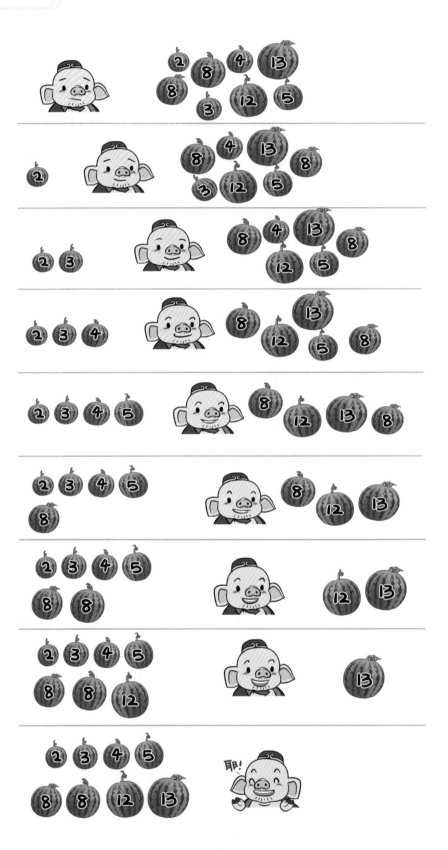

和直接插入排序相比，选择排序是从未排序部分中选出最小或最大的元素，然后放到指定位置，它的主要操作是在未排序部分中进行比较。而直接插入排序是按顺序取出元素，并在目标数组中，在已排序部分找到合适的位置插入，该位置之后的元素也要相应往后移动一个位置，主要的操作是比较并移动已排序部分的元素。

实际编程过程中，使用一些小技巧可以减小选择排序中额外的空间开销。

核心算法如下：

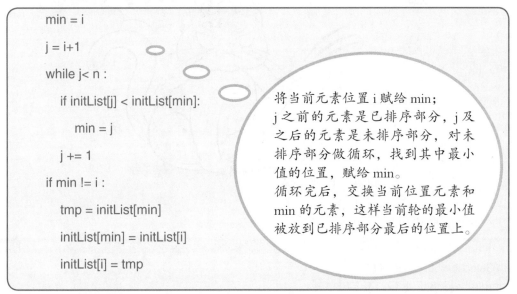

```
min = i
j = i+1
while j< n :
    if initList[j] < initList[min]:
        min = j
    j += 1
if min != i :
    tmp = initList[min]
    initList[min] = initList[i]
    initList[i] = tmp
```

将当前元素位置 i 赋给 min；j 之前的元素是已排序部分，j 及之后的元素是未排序部分，对未排序部分做循环，找到其中最小值的位置，赋给 min。
循环完后，交换当前位置元素和 min 的元素，这样当前轮的最小值被放到已排序部分最后的位置上。

悟空打出程序后，八戒也被拉出幻境。八戒看到悟空，很开心地叫了声"猴哥！"可当他发现自己手里的西瓜消失之后，马上开始埋怨起来，一个人在那里嘀嘀咕咕。

"这死猴子，早不来晚不来，偏偏等到我排好西瓜准备开吃的时候才来。天杀的弼马温！"八戒心中对为什么会来到零壹界丝毫不关心，只是在埋怨猴子让他吃不到好吃的西瓜。悟空心中冷笑，想着什么时候给这贪吃的呆子来点教训，脚下步子却丝毫未停，向着通向三楼的楼梯走去。

旁边的小白龙拉了拉八戒的袖子，让他别嘟嘟囔囔。八戒这才想起问小白龙到底发生什么事。小白龙将悟空之前说的和八戒转述一番。八戒则仍对自己的西瓜耿耿于怀，觉得这次错过免费西瓜后，下一次不知要等到何时。八戒忽然看见小白龙紫金冠上的胖猫，觉得挺好奇，伸手想去摸它，结果胖猫毫不犹豫地一爪挥去，将那猪手击退。八戒缩着手，冲着胖猫呲牙咧嘴，可胖猫完全不理会八戒。

本节完整代码：

```
# Selection Sort 选择排序
initList = [3, 8, 5, 4, 12, 13, 2, 8]

n = len(initList)
i = 0

# 对源数组中所有元素进行循环

# 由于选择排序的性质，这里实际上用 i<n-1 也可以，因为剩最后一个元素的时候，
  必定已经排好序，其是最大的
while i < n :
```

接上页

```
# 暂时认为当前元素是最小的那个
min = i
j = i+1
while j< n :
    if initList[j] < initList[min]:
        min = j
    j += 1
if min != i :
    tmp = initList[min]
    initList[min] = initList[i]
    initList[i] = tmp

# 经过上面的循环，确保 initList[i] 是位置 i 及之后所有元素中
最小的那个，然后将下标加 1，以便指向下一个元素
    i += 1

# 打印最终结果
print(initList)
```

第三节 沙将军整队 冒泡排序

不多时，众人已经再上一层楼。斗转星移，周围的环境让人眼前一亮，只见仙家气派扑面而来。悟空隐约觉得此处像是玉皇大帝的天庭，五百年前他曾经来逛过。前面有一个金甲天神，正在训练一群天兵。悟空定睛察看，这个金甲天神有点眼熟，他不是旁人，正是取经组中的沙僧沙悟净。八戒显然也认出了沙僧，双手做喇叭状，喊道："沙师弟！"

不过沙僧显然听不到八戒的呼喊，他又碰到什么难题了呢？

原来沙僧在操练一群天兵，要求所有天兵从高到矮排成一队。由于天兵人数较多，众人闹腾了好长时间，都没法排好队形。为此，沙将军一筹莫展。

八戒看得哈哈大笑，对左右的悟空等人说道："这沙师弟确实不如俺老猪聪明，俺老猪就有办法。"悟空有点信不过八戒，调侃道："你之前连几个西瓜都排不好，还能让这些天兵排好队？"八戒说："嘿，猴哥你别看不起人，想当年，俺老猪可是堂堂天蓬元帅，统领八万天河水军。咱们这天河水军可是天庭精锐，列个队，小意思。沙师弟是卷帘大将，没管过多少人，经验不足，没法儿跟俺老猪比。"

悟空点头，接口说道："想俺花果山当年也有四万八千只猴子猴孙，但俺操练的时候倒没注意过排队的事情。"

八戒和小白龙都捂着嘴偷笑，两人交换了个眼神，八戒说："得了吧猴哥，你那些猴子猴孙什么时候排过队呀！"

小白龙接着插话："二师兄，你倒是说说有啥办法？"

八戒挺着肚子，开始介绍他给手下弟兄们排队的方法，颇有几分指点江山的气势。

这个方法每次只比较前后两个元素的大小，如果目标是从小到大排列的话，一次比较之后，小的那个元素将被放置在前面的位置。下次继续用小的元素和后续元素比较（反过来也可以）。如此一轮排序之后，最小的元素会处于数组最前面，如同泡泡从水底浮到水面，因此被称为冒泡排序。

以沙僧给天兵排队作为例子，第一轮排序开始。5 和 9 相比，9 更大，位置不变；9 大于 7，两者交换位置；9 和 3 继续比较，9 更大，两者交换位置；9 和 14 比较，位置不变；14 比 13 大，两者交换位置；最后，14 比 7 大，两者交换位置。这一轮排序完成，经过四次交换，最大的 14 冒了出来。

初始状态

| 5 | 9 | 7 | 3 | 14 | 13 | 7 |

第一次交换　　5 9 7 3 14 13 7　　　　第二次交换　　5 7 9 3 14 13 7

第三次交换　　5 7 3 9 14 13 7　　　　第四次交换　　5 7 3 9 13 14 7

第二轮排序，从第一个元素开始，到倒数第二个元素为止，重复上一轮的操作。如此循环，每次都把当前轮的最大元素放到当前轮的最后位置。等所有轮次结束，排序完成。

第一轮后状态

第一次交换　5 7 3 9 13 7 14　　第二次交换　5 3 7 9 13 7 14

第三轮开始，有两次交换。

第二轮后状态

第一次交换　5 3 7 9 7 13 14　　第二次交换　3 5 7 9 7 13 14

第四轮开始。

第三轮后状态

没有交换

第五轮开始，尽管没有交换，但是根据算法，要进行 n 轮，也就是七轮排序。

没有交换

第六轮开始。

没有交换

第七轮开始。

没有交换

第七轮结束后，状态如下。

没有交换

冒泡排序

悟空听明白了八戒的方法，对他而言，想清楚一个问题后，实现并不是问题。

冒泡排序可以直接在源数组中完成，不需要新的目标数组。

核心算法如下：

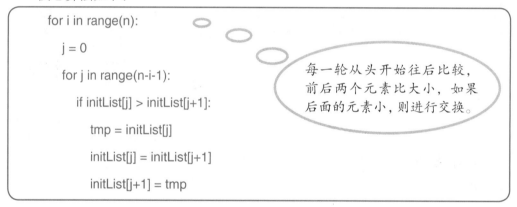

```
for i in range(n):
    j = 0
    for j in range(n-i-1):
        if initList[j] > initList[j+1]:
            tmp = initList[j]
            initList[j] = initList[j+1]
            initList[j+1] = tmp
```

每一轮从头开始往后比较，前后两个元素比大小，如果后面的元素小，则进行交换。

八戒在那里得意扬扬，表示排队这种事情对堂堂天蓬元帅而言，完全没有任何难度。

细心的悟空发现，几轮之后，源数组中的顺序就没怎么变过了，心头一动，对原来的方法进行了改进。可以通过新加一个变量，用来标记本轮是否发生过元素之间的交换，如果没有交换，证明已经完成排序。

悟空于是对八戒说："你这方法也不见得高明，俺在花果山用的方法，效率可比你的更高！"

八戒嘿嘿笑着说："猴哥，你别是抹不开面子，故意不承认吧？"

悟空哼哼冷笑一声："俺的方法可不止比你强一点半点，待俺使出，让你心服口服！"

悟空新增一个变量 flag，记录本轮是否发生交换。每轮开始时，flag 设为 0；当发生交换时，flag 设为 1。如果没有交换，flag 一直为 0，则退出循环。

```
flag = 1
while i<n and flag == 1:
    flag = 0
    j = 0
    while j < n-i-1:
        if initList[j] > initList[j+1]:
            tmp = initList[j]
            initList[j] = initList[j+1]
            initList[j+1] = tmp
            flag = 1
        j += 1
    i += 1
```

新增一个标记变量 flag，用来表示某轮是否发生交换。如果没发生交换，则退出循环。

核心算法如下：

悟空的新方法，节省了多余的数组元素之间的比较。

沙僧脱离了幻境，谢过悟空等人，至此取经组就差师父唐三藏了。

小白龙注意到前后两段代码的不同之处，向悟空提问。

悟空说："前一种写法中，使用了 for 循环，后一种则使用了 while 循环。Python 中的 range() 函数会生成一个整数的列表，经常被用在 for 循环中。如果事先知道循环的次数，用 for 会更方便点。如果条件比较复杂，可以用 while。比如在上面改进后的冒泡排序中，如果用 for 循环，就需要在循环里多加一个对变量 flag 的判断。在这次的例子里，我们不知道从哪一轮开始没有交换，所以用 while 更合适。"

小白龙若有所思。

八戒插嘴道："猴哥，俺也有个地方不太明白，为啥交换数组中的两个元素时，需要用到第三个变量呢？"

悟空不屑地说："呆子，如果不用第三个变量，initList[j]=initList[j+1] 之后，两个数组元素的值都等于原来 initList[j+1] 的值，而原来 initList[j] 的值就丢失了，所以我们才要使用第三个变量，临时将 initList[j] 里的值存下来。笨死了！"

八戒恍然大悟，同时他早已经对猴子说他笨这件事"免疫"了。

由于之前在排序塔里的经历，并没有什么危险，所以几人的心情都还不错，估计再上一层就能见到唐僧了，只是不知道师父那边会遇到什么情况。

本节完整代码:

```
initList = [5, 9, 7, 3, 14, 13, 7]
n = len(initList)
i = 0
flag = 1

# 当下标小于数组长度时,即对数组中所有元素进行循环,有多少元素就循环多
少轮
while i<n and flag == 1:
  # 新一轮重置标志,如本轮没有交换,则排序已完成,不满足循环条件,自动
跳出循环
  flag = 0

  # 每一轮从头开始往后比较
  j = 0
  while j < n-i-1:
    # 前后两个元素比大小,如果后面的元素小,则进行交换
    if initList[j] > initList[j+1]:
      tmp = initList[j]
      initList[j] = initList[j+1]
      initList[j+1] = tmp
      # 有交换发生,则标志设为 1
      flag = 1
    # 下标移动到下个元素
    j += 1
  # 下标移动,准备下一轮
  i += 1

# 打印最终结果
print(initList)
```

第四节 师徒再相逢 快速排序

几人来到四楼，发现这里和下面几层不同，并没有什么复杂的场景，就是一层空旷的大厅。在大厅正中，有几排书架和一套桌椅，边上放着行李。唐僧坐在书桌前，正拿着一卷书，看得聚精会神。有一圈金光包围着唐僧，似乎是用来禁锢他的自由。悟空等人见到唐僧，纷纷大喊："师父，我们来啦。"

唐僧听到声音，抬起头来，见到众人，大喜。可当他走到金光近前，却为金光所阻，不得出来。悟空问道："师父，你可知有什么办法可以救你出来？"

唐僧扬扬手中的书卷，说道："此处有很多经书，比如这本叫做递归真经，我正在钻研。书上说，如果我们能用递归的思想写出一段快速排序的代码，我就能出去。现在我已经有了一些眉目，不过说到具体写代码，我还不太会。"

悟空很高兴，告诉唐僧这写代码可难不倒他，就是不知道什么是快速排序。因为快速排序的名字比较抽象，光靠名字不知道具体含义。

唐僧告诉众人发明这快速排序的人的确是位了不起的智者，由于排序算法的元素之间比较次数较少，速度较快，所以被称为快速排序。之前的种种方法，待排序的元素间往往需要两两比较，比如已经知道 A>B, B>C，这时还要对 A 和 C 进行一次比较。但在快速排序中，如果遇到这种情况，A 和 C 就不再需要比较了，因此比较次数会有所减少。"

众人听得似懂非懂，问道："那么到底是如何做到的呢？"

唐僧说："基本的想法是在待排序的元素当中，随便选一个元素，作为基准元素。然后把所有比基准元素小的元素移到它左边，形成一个子列；把比它大的元素移到它右边，形成另一个子列。接着对所有左边子列和右边子列，分别进行同样的操作。最终，所有数字都能完成排序。"

初始化，基准pivot=7，两个游标i=0，j=7。

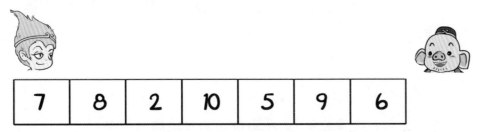

悟空代表i，向右走，找到第一个大于基准数字的数字。八戒代表j，向左走，找到第一个小于基准数字的数字，然后交换这两个数字的位置

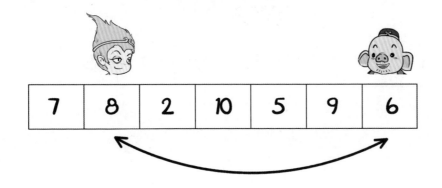

唐僧继续走，悟空找到下一个大于基准数字的数字，八戒也找到下一个小于基准数字的数字，然后交换这两个数字的位置。

唐僧继续走，悟空找到下一个大于基准数字的数字，八戒也找到下一个小于基准数字的数字。由于 j < i，交换 j 位置的数字和基准数字。

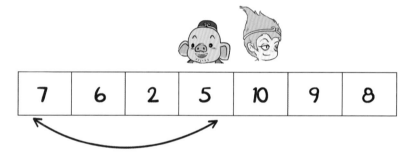

本轮结束，基准数字7已经到位，它左边的数字都比它小，右边的都比它大。

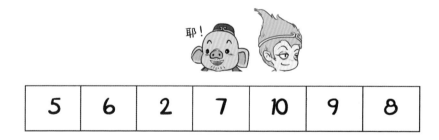

使用同样的方法，对左边子数组排序，递归几次后，直到最后的元素。

使用同样的方法，对右边子数组排序，递归几次后，直到最后的元素。

最后，将左边子数组、原来的基准数字、右边子数组合在一起，就是排序结果啦！

2	5	6	7	8	9	10

"高！真是高啊！俺老猪以前从来没想到过这种办法。"猪八戒在旁边插嘴道。

悟空也心有所悟：对呀，这样的话，一趟排序下来，当基准元素的位置被确定后，所有左边子列里的元素就不需要和右边子列里的元素进行比较了，怪不得这个方法被称为快速排序呢！

核心算法如下：

```
i += 1
while inputList[s]>= inputList[i] and i!=t:
    i += 1
j -= 1
while inputList[s]<= inputList[j] and j!=s:
    j -= 1
```

```
    if i<j :
        tmp = inputList[i]
        inputList[i] = inputList[j]
        inputList[j] = tmp
    else:
        break
```

> s，t 表示排序的开始和结束范围，inputList[s] 是基准，i 和 j 是两个游标，从数组两头向中间前进。i 找到第一个比基准大的数，j 找到第一个比基准小的数，如果 i<j，交换。反复该步骤后，游标 j 及其之前的元素，都小于等于基准，其后的数字都大于等于基准。

取经组五人讨论了一阵，八戒自告奋勇来写这段代码。他拍着胸脯表示，以后不能总让猴哥一个人出手，作为取经组的一员，他也可以贡献自己的力量。看来八戒是想在师父面前出个风头，其余人等在旁看热闹。

八戒其实也不算太笨，就是太懒，写的代码倒是没啥大问题。当代码完成的瞬间，禁锢唐僧的金光一阵闪烁，然后消失无踪。唐僧顺利脱困，五人再次聚首，一阵欣喜。

本节完整代码：

```python
# Quick Sort 快速排序
def quickSort (inputList, s, t):
    if s < t :
        i = s
        j = t+1
        while 1:
            i += 1
            while inputList[s]>= inputList[i] and i!=t:
                i += 1
            j -= 1
            while inputList[s]<= inputList[j] and j!=s:
                j -= 1
            if i<j :
                tmp = inputList[i]
                inputList[i] = inputList[j]
                inputList[j] = tmp
            else:
                break
```

接上页

```
    if s!=j:
        tmp = inputList[s]
        inputList[s] = inputList[j]
        inputList[j] = tmp
    quickSort (inputList, s, j-1)
    quickSort (inputList, j+1, t)

initList = [7, 8, 2, 10, 5, 9, 6]
# 调用排序函数
quickSort(initList, 0, len(initList)-1)
print(initList)
```

第五节　脱困排序塔　算法复杂度

悟空对众人说："我在这排序塔外看，塔高入云，不知有几层，可我们现在才爬了四层，要如何出塔呢？"

唐僧道："这里有书记载了出去的方法，我们只要比较各种排序算法的性能和适用范围，答对之后，就能出去。"

沙僧摸摸脑袋说："师父，那我们要怎么比较算法的性能？"

包括悟空在内的其他三人也挺好奇，因为菩提老祖没有跟悟空提到过算法的性能。而小白龙脑袋上的胖猫"喵"了两声，一如既往地对这帮人表示不屑。

唐僧道："首先，我们要知道什么是算法？"说罢，他拿起桌上的紫金钵盂，美美地喝了一口里面的东西。悟空眼尖，发现钵盂里的汤水中漂着几颗红色的长椭圆形小果子，悟空虽然认识不少仙果，但这玩意儿却是没见过。

"基本来说，算法是某个问题的求解步骤。它不依赖于任何一种语言，既可以用程序设计语言，又可以用自然语言，当然也可以用流程图、框图来表示。"唐僧继续说道。

悟空心中浮现出之前菩提老祖给的比喻，确实能印证唐僧的说法。

"师父，那算法可以解决肚子饿的问题吗？"这是源自某个吃货猪的问题。

"当然可以，只要三步。"腹黑猴子抢答，"出门右转，找个人家化斋，然后吃掉化来的斋饭。"

"为什么是右转？不是直走，也不是左转？"吃货猪不服气，开始嘀咕。

随即，腹黑猴子的一个眼神杀死了这场争论。

如何解决肚子饿的问题

自然语言：

出门右转
找人家化斋
吃掉斋饭

伪代码：

```
turn right( )
look for food( )
eat( )
```

流程图：

turn right ➡ look for food ➡ eat

"算法有几个特点，"唐僧说，"确定，有穷，可行，输入输出。"

确定是指算法的每一个步骤有准确的含义，无歧义。

有穷的意思是算法必须在执行有限步骤之后终止。如果要执行无限步骤才能得到结果，这个算法就没有意义了。

I have a dream!

可行，指在当前环境下，每个步骤可以在有限时间内完成。比如，饕餮的肚子是个无底洞，想让它吃饱后再去逛逛是不可行的，因为让它吃饱这个操作无法在有限时间内完成，所以永远不可能到下一步。

　　输入，指的是问题的初始条件；输出，是指对输入进行加工后的结果，没有输出的算法是没有意义的。这就好比如果不告诉悟空问题的初始条件和期望的结果，就算齐天大圣再神通广大，也写不出来算法。

"作为一个好的算法,首先当然要正确,能够正确地解决问题;要容易被人理解;要健壮,对给出的各种参数,各种情况都能恰当的处理。"唐僧又喝了一口紫金钵盂里的汤汁,润润嗓子。

八戒想来是没吃到西瓜,馋得慌了,腆着脸问师父:"师父啊,你喝的是啥啊?闻着怪香的,嘿嘿!"

"这叫枸杞,是这边的特产,书里说多喝这东西对身体有好处。"唐僧瞥了眼胖徒弟,淡淡地说。

"除了这些呢,好的算法运行效率要高,花费时间要短,占用的内存空间得少。

"打个比方,我们有下面这个算法,把所有语句的执行次数加起来,有 $n \times n + n \times n + n + n + 1 + 1 = 2n^2 + 2n + 2$ 次。

```
sum = 0          # 运行 1 次

total = 0


for i in range(n):    # 运行 n 次
    sum += i
    for j in range(n):  # 运行 n*n 次
        total += i*j
```

"当 n 足够大时,算法的运行时间主要取决于第一项 $2n^2$。"唐僧说,"我们通常把后面的项给去掉,将运算的时间复杂度记成 $O(n^2)$。"

"哦!"众人做恍然大悟状。

唐僧从桌上拿了张纸,继续在那里写写画画,说:"如下所示的算法,不能直接知道循环执行了多少次。假设执行了 x 次,当 i=n 时结束,则 $i=2^x=n$,所以 $x=\log_2 n$。总共运算了 $2\log_2 n+1$ 次,所以时间复杂度为 $O(\log_2 n)$。"

```
i = 1
while i<n:
    i = i*2
```

"算了,"唐僧开始自言自语,"让你们打打妖怪还行,但以你们的智商,暂时

65

可能很难理解这一点，我不说了。"说完又喝口枸杞茶。

众人一头黑线。

悟空问道："师父，所有算法的时间复杂度都是一成不变的吗？"

唐僧回答："书上说并非这样。因为不同的输入，可能导致不同的时间复杂度。"

说着，唐僧继续在纸上写出下面的算法。

```
# alist 是一个数组
def findx(x):
    for i in alist:
        if i=x:
            return i
    return -1
```

"在这个算法中，如果是最好的情况，那 alist 中的第一个元素等于 x，循环只要执行一次；如果是最坏的情况，那么 alist 中找不到这个元素，循环将执行 n 次；如果分布概率均等，则平均执行次数是 (n+1)/2 次。"

"由于最好的情况往往不具有实际意义，所以我们通常采用一个算法在平均情况和最坏情况下的时间复杂度。"唐僧下了个结论。

"了解了解。"众人连连点头，这时候必须做个捧哏。

"有时间复杂度，自然有空间复杂度。"唐僧又慢条斯理地说。

"一般算法占用的空间包括输入、输出的空间，算法本身需要存储的空间，以及运行时产生的辅助变量所占用的空间。"唐僧顿了顿，"我们说的空间复杂度，一般是指这第三块空间，也就是辅助变量所占用的空间大小。"

"对！"悟空接口道，"刚才有个交换数字的算法，就需要一个额外的变量来临时存储数据。"

"悟空碰到的这种情况，空间复杂度就是 O(1)。"唐僧微笑点头。

"好，那么让我们来分析一下各种排序算法的复杂度吧！"唐僧拍拍手说。

对于直接插入排序、冒泡排序、简单选择排序的时间复杂度和空间复杂度，没什么疑问，每个排序方法使用两层循环，所以时间复杂度都是 O(n^2)；而因为每个方法只被调用一次，每次用到几个辅助变量，所以空间复杂度都是 O(1)。

　　快速排序的情况比较复杂，它的排序方法是被递归调用的。每次数组被划分时，如果能平均分成两部分，则是最优情况，递归调用的层数是 $\log_2 n+1$，每层总的循环次数是 n，所以时间复杂度是 $O(n\log_2 n)$，每被调用一次，就需要几个辅助变量，所以空间复杂度就是 $O(\log_2 n)$。当最坏情况时，数组每次被划分，都被分成单一的一个元素和其他元素两部分，所以递归调用的层数会是 n，空间复杂度是 $O(n)$，时间复杂度是 $O(n^2)$；至于快速排序的平均情况，涉及更复杂的计算和证明，我们只要记住其平均时间复杂度为 $O(n\log_2 n)$，这里不再深入分析。

比较快速排序的最优情况和最坏情况，快速排序的时间性能取决于快速排序递归的深度。
当待排序数列基本有序时，性能较差。

10　20　30　50　40　60　70　80　90

当递归树比较平衡时，性能较好。

50　20　70　10　40　30　60　80　90

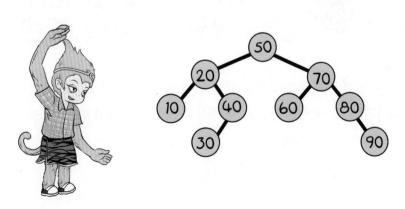

根据上面的分析，可以得到如下表格，来比较各种排序算法的复杂度。

排序算法	平均时间复杂度	时间复杂度最坏情况	空间复杂度
直接插入排序	$O(n^2)$	$O(n^2)$	$O(1)$
冒泡排序	$O(n^2)$	$O(n^2)$	$O(1)$
简单选择排序	$O(n^2)$	$O(n^2)$	$O(1)$
快速排序	$O(n\log_2 n)$	$O(n^2)$	$O(\log_2 n)$ 到 $O(n)$

完成对各个排序算法的分析，整座排序塔发出微微的震动，随后凭空出现一座蓝幽幽的传送门。唐僧说道："书上说这就是排序塔的出口了！"

虽然排序塔还有楼梯通向更高处，但由于众人已经到齐，也就不再耽搁，沙僧将行李塞进双肩包，众人一起跨步迈入传送门中。

真传一句话

排序

将杂乱无章的数据元素通过一定的方法按关键字顺序排列的过程，叫做排序。

直接插入排序

其基本思想是在每一轮排序中，将待排序序列中的第一个元素插入到已排序序列中的合适位置，使插入该元素后的序列依然保持有序。

选择排序

从序列未排好顺序的元素中选择一个最小（最大）的，将该元素和未排的元素中的第一个交换位置。

冒泡排序

每一轮在待排序序列中的前后两个相邻元素间进行比较，如果这两个元素的顺序不符合排序的方向（升序或降序），则进行交换。一轮之后，将最大或最小的元素"冒"到未排序部分最后的位置，从而此元素变成已排序序列的一部分。

快速排序

快速排序是冒泡排序的一种改进算法，被认为是目前最好的一种排序方法。其基本思想是将待排序序列中的第一个元素放到序列中的合适位置，使它前面的元素都比它小（大），同时使它后面的元素都比它大（小）。然后使用递归的方法，用同样的策略，分别对前后两个序列进行排序。

算法

算法（Algorithm）是指解题方案的准确而完整的描述，是一系列解决问题的清晰指令，算法代表着用系统的方法描述解决问题的策略机制。

算法有下面这些特点：

1. 确定，指算法的每一步骤有准确的含义，无歧义；

2. 有穷，指算法必须在执行有限步骤之后终止；

3. 可行，指在当前环境下，每个步骤可以在有限时间内完成；

4. 输入输出，输入是指问题的初始条件；输出，是指对输入进行加工后的结果，没有输出的算法是没有意义的。

算法的复杂度

算法的复杂度是指算法在编写成可执行程序后，运行时所需要的资源，包括时间资源和内存资源。评价一个算法主要从时间复杂度和空间复杂度来考虑。

猫三王日记

地球历 ___ 年 ___ 月 ___ 日　天气 ___

我叫 _____，来自 21 世纪的地球，一不小心穿越到异界，成了一只猫。我想我的爸爸和妈妈，但我可能回不去了。

我现在生活在一个叫天柱山的风景区，这里有一根巨大的石头柱子，是天然的攀岩场所。每逢初一十五，很多人来这里进行攀岩比赛。我特别喜欢趴在石柱顶上，看人从下面爬上来。

刚开始的时候，参赛人数比较少，大家同时开始攀登，名次一目了然。后来，越来越多的人参加这个比赛，那场面真是人山人海。不过麻烦也来了，由于没办法直接得到比赛名次，选手们经常因为排名先后发生争执。其实我挺喜欢看他们吵架的，一点不比看攀岩比赛差。

直到有一天，赛场里突然来了一个英俊的白衣"斗鸡眼"男青年。他的帽子看着很有趣，作为一只猫，我本能地想趴在他的头上。

这家伙是个裁判，虽然看着不太聪明，但力气挺大，每次赛场上出现争执，他总能以力服人。

其实吧，他用线香为每个选手计时，攀登结束后，剩下的线香完全可以当成选手排名的依据。完成比赛的选手，拿到属于自己的线香，和其他已经完成比赛的选手进行比较，剩余线香越长的选手排名越靠前。这样每个选手都能找到自己合适的名次。

我好心好意提醒过他几次，可这家伙完全不领情！

话说，我以前看过一本叫什么算法入门的书，书上介绍了一种称为 _____ 的排序方法，特别适合现在这种情况。

我还能把当时写的代码默写出来，有些地方写的不太清楚，请自行脑补，毕竟猫爪不是用来写字的。

```
# 请将输入数组里的数字，从小到大排列
initList = [3, 3, 3, 4, 3, 7, 5, 6]
tmp = 0
for i in range (_____):
    tmp = initList [i]
    j=_____
    while _____ and _____:
        initList [_____] = initList [_____]
        j -= 1
    initList [j+1] = _____
print (initList)
```

突然，我的脑袋里出现"叮"的一声，随即听到一段语音："宿主完成第一个程序，零壹界主系统启动。请抓住对面的白衣男人，他将带你开启一段难忘的旅程！"

猫的第七感让我知道，想要离开这里，我必须按照这个声音提示的做，当然，这个声音也许是我的幻觉。

于是，我毫不犹豫地跳到白衣男的头上。

刹那之后，周围的空间开始破碎，我来到一个全新的世界。

地球历 ___ 年 ___ 月 ___ 日　天气 ___

我决定将我来到这里的时间作为新一天的开始。

当我站在白衣帅哥的脑袋上，打量眼前这个穿衣服的猴子时，我觉得这猴子的品味真不咋地。格子衣服只有程序员才穿，这猴子真以为自己是孙悟空啊？

然后，我听到这一人一猴的对话，整个猫都不太好了。

"大师兄？小白龙？"我一时有些错愕。

但不管他们是谁，想把我从"坐骑"上弄下去，让我自己爬楼梯，都是不可能的。经过一番斗争后，我骑着"坐骑"小白龙，上了塔的更高一层。

从猴子和"坐骑"的对话中，我了解了大概的情况。我们在一个叫排序塔的地方。我都能猜想得到，估计每层塔对应一个排序算法，得一一打过去，太无聊了！幸好，我只要跟着"坐骑"就行。

在上面这层我看到一个猪头。猪头想吃西瓜，但这里的主神或者其他掌控者之类的，规定他只能从小到大排好顺序才能吃。要是我啊，肯定按照从大到小来排。这种算法被称为 ＿＿＿＿＿＿＿＿ 排序，因为每次要选出最大或最小的元素。

我分分钟就能把代码写出来。

```
# 源数组，要求从大到小排列
initList = [3, 8, 5, 4, 12, 13, 2, 8]


# 得到源数组长度
n = len(_____)
i = 0
# 对源数组中所有元素进行循环，
while i < _____ :
    # 暂时认为当前元素是最大的那个
    max = i
    j = i+1


    # 对后面剩余的元素进行循环
    while j< n :
        # 如果后续某个元素值比当前最大的元素值更大
        if initList[_____] > initList[_____]:
            # 将当前元素的位置赋给 max
            max = _____
        # 当 max 和 i 不相等时
```

```
        if max != i :
            # 交换 max 和 i 位置的值
            _____
            _____
            _____
        j += 1
    i += 1


    print(initList)
```

刚写完这段代码，我脑海中那个奇怪的声音又出来了，"恭喜宿主完成一段代码，兑换点加一。"

呵，看来作为穿越者，确实有福利啊！这个不知名的声音果然存在，不是我幻听。

这时，我发现那猴子居然可以写出代码，而且居然被排序塔承认了。

那个猪头又突然出现在我面前。最可气的是，他居然想要撸我？我可不想被一个猪蹄撸！

我发出完美的一击，打退了那个猪蹄！

地球历 ＿＿ 年 ＿＿ 月 ＿＿ 日　天气 ＿＿

我小时候的语文老师告诉过我，日记不能太长。爬到更高一层楼，我就当它又是新的一天了。

老沙正在给人整队，我不得不吐槽一下这里落后的基础教育。我们那里一年级的小朋友们，都可以在老师的指挥下，排得整整齐齐的。老沙给一帮天兵天将排队，搞这么半天还没搞定。

来，待我小露一手！两两对比，不服就换！这就是 ＿＿＿＿＿＿ 排序，这可是经典排序，不知道多少人被老师考过。当然，我采用的是我们那地方的方法，排队时，个高的排前面。

```python
# 初始输入，源数组
initList = [5, 9, 7, 3, 14, 13, 7]
n = len(initList)
for i in range(_____):
    j = 0
    for j in range(_____):
        if initList[_____] > initList[_____]:
            tmp = initList[j]
            initList[j] = initList[j+1]
            initList[j+1] = tmp
print(initList)
```

如我所料，那个不知名的系统又给我加了一个兑换点。虽然不知道这点数能换啥东西，但不得白不得。

回过头来，我发现八戒这家伙居然也能实现这个算法。不愧是天蓬元帅啊！

但我没想到孙猴子这家伙这么促狭，居然给猪头挑刺，不过我喜欢。猴子通过加了一个变量来标志一轮排序完成后，顺序是否变化，如果某一轮没有数字交换，将提前结束排序。

嗯，我也要修改自己的代码下，看看能不能再得一个兑换点。

```
initList = [5, 9, 7, 3, 14, 13, 7]
n = len(initList)
i = 0
flag = 1


while _____:
  flag = _____
  j = _____
  while j < _____:
    if initList[_____] > initList[_____]:
      tmp = initList[j]
      initList[j] = initList[j+1]
      initList[j+1] = tmp
      flag = _____
    j += 1
  i += 1
print(initList)
```

新代码又得一个兑换点，哇！幸福来得好突然！

在不出意料地解救出了沙僧之后，他恢复了头陀打扮，头发确实没多少，如果和唐长老的光头相比，沙僧算是个半秃。

让我比较吃惊的是，沙僧笑呵呵地把身后的黑色双肩包打开，然后把他的降魔宝杖拆开塞进背包里。我的天，这可是降魔宝杖，居然变成这不可名状的样子！要是问我到底啥样子，我偏不说，以后有机会你们自己看。

之后的小插曲，让八戒暴露出墙上芦苇——头重脚轻根底浅的本质，他居然不知道两个变量交换值的时候，一定要用到第三个变量。以后我得好好调教调教他。

地球历 ___ 年 ___ 月 ___ 日　天气 ___

白日依山尽，黄河入海流。欲穷千里目，更上一层楼。

我突然诗兴大发，因为我们又爬上一层楼，而且看到此行的目标人物——三藏法师唐僧。

唐僧在看书，而且想必已经看了很多书，才会年纪轻轻戴眼镜。

他们居然研究出了快速排序。快速排序的特点是＿＿＿＿＿＿＿＿＿＿＿＿＿＿

＿＿＿＿＿＿＿＿＿＿＿＿＿＿＿＿＿＿＿＿＿＿＿＿＿＿＿＿＿＿＿＿

＿＿＿＿＿＿＿＿＿＿＿＿＿＿＿＿＿＿＿＿＿＿＿＿＿＿＿＿＿。

想当年我学快速排序的时候可费了挺大的劲儿，但现在我有点忘记了。让我想想，如果是用快速排序的思想，下面的这组数字是怎么排好的。

请把过程写在空白的地方。

$$8\quad 12\quad 6\quad 4\quad 2\quad 5\quad 7\quad 6\quad 9$$

嗯，想明白了，so easy！

按照惯例，要把快速排序的程序写一下。

这次，我居然看到猪头去写程序了，天哪！

我得赶在猪头前面把快速排序给实现咯，不然我自尊心可会受打击的。

```
def quickSort (inputList, s, t):
    if s < t :
        i = s
        j = t+1
        while_____:
            i ____ 1
            while _____ and _____:
                i ____ 1
            j ____ 1
            while _____ and _____:
                j ____ 1
            if ____ :
                tmp = inputList[i]
                inputList[i] = inputList[j]
                inputList[j] = tmp
            else:
                break
        if s!=j:
            tmp = inputList[s]
            inputList[s] = inputList[j]
            inputList[j] = tmp
        quickSort (_____, ____, ____)
        quickSort (_____, ____, ____)


initList = [8, 12, 6, 4, 2, 5, 7, 6, 9]
quickSort(_____, _____, _____)
print(initList)
```

我有时候觉得自己写的这些代码看着就很完美，特别是当我听到又有两个兑换点入账的时候，更是如此。

当然了，上面这种是经典的写法，几乎用任何语言都能实现。我们如果使用 python 的话，还有更简便的写法，这就是 python 的魅力所在。有兴趣的读者也可以比较一下这两种写法的性能，猜猜看到底哪种方法更快？

```python
def quicksort(array):
    if len(array) < 2:
        return array
    else:
        pivot = array[0]
        # 使用下面的写法就能得到由所有小于基准值的元素组成的子数组和由大于基准值的元素组成的子数组
        less = [i for i in array[1:] if i <= pivot]
        greater = [i for i in array[1:] if i > pivot]
        return quicksort(less) + [pivot] + quicksort(greater)

print（quicksort([8, 12, 6, 4, 2, 5, 7, 6, 9]) )
```

地球历 ___ 年 ___ 月 ___ 日 天气 ___

三藏法师居然开始给徒弟们上课，原来这里的他也是一个碎嘴的。我为什么要说"也"呢？奇怪！

算法有几个特点，我可能已经还给老师了，得好好想想分别是啥。

_____

_____

_____

_____

_____

我也来简单回顾一下，下面几段代码的时间复杂度。

```
Sum=0
For i in range (n):
    Sum+=1
```

时间复杂度是 _____。

```
Sum = n*(n+1)/2
```

时间复杂度是 _____。

```
Sum=0
For i in range (n):
  For j in range(n):
    If j>n:
      Sum+=1
```

时间复杂度是 _____。

```
i=0
j=1
while i+j<n:
  if i<j:
    i+=1
  else:
    j+=1
```

时间复杂度是 _____。

```
Count = 0

X=2

While x<n/3:

    X*=3

    Count +=1
```

时间复杂度是 _____。

再看看这里碰到的几种排序方法的复杂度，就当复习下。温故而知新，可以为师矣。

排序算法	平均时间复杂度	时间复杂度（最坏情况）	空间复杂度
直接插入排序			
冒泡排序			
简单选择排序			
快速排序			

将各种算法的复杂度归位后，我们终于被传送出排序塔。

只是我想吐嘈下，沙僧的黑色双肩包这么能装的吗？怎么什么东西都能装得下？莫非他是某个蓝胖子的转世？天知道！

## 第二章

贪心洲

 ## 第一节　运货的学问　最优装载算法

　　阳光，海岛，沙滩，椰子树。白云在碧蓝的天空中悠闲地飘荡，海风送来阵阵清爽。

　　取经组众人出得排序塔来，终于重见天日，大家看看周围，完全找不到排序塔的影子。众人之前也都见识过各种仙家手段，对此倒不是太在意。

　　悟空作为有见识的猴子，见到海边的椰子树，自然见猎心喜。要知道，当年从花果山踏上寻仙问道之旅时，他可带了不少椰子在海上解渴。悟空三窜两跳就上了旁边的椰子树，摘下椰子，对下面几人喊道："接着！"

　　沙僧站的离唐僧比较近，悟空朝他丢了两个，沙僧轻展长臂，稳稳地把椰子接在手里。

　　八戒和小白龙站在一起，悟空也朝他们丢了两个。八戒正伸手准备接椰子，说时迟那时快，只见一个黑影，掠过八戒眼前，生生将丢向八戒的椰子抢走。八戒还没反应过来，那黑影在椰子树的树干上一借力，迅速蹿回到小白龙脑袋上。小白龙也被这变故吓了一跳，好在他身手了得，瞬间调整自己的动作，还是接住了抛向他的椰子。

　　悟空在树上将这一切都看在眼里，顿时笑出声来。八戒这个呆子，居然被只小猫耍了。

　　回过神的八戒，转头怒视小白龙头顶的胖猫，喊道："你这只死猫，快把椰子还给俺老猪。"胖猫抓着椰子，瞅了瞅八戒，完全无视这吃货的怒火，施施然弹出一只利爪，熟练地给椰子开了个口，美美地喝了起来。

　　八戒看到胖猫的动作，跨步上前，想要抢回椰子。可八戒还不如小白龙高，此时小白龙又下意识地躲着八戒，八戒愣是没有碰到一根猫毛。八戒火冒三丈，转头找师父求助。可唐僧只是笑呵呵地看着他，同时喝着沙僧打开的椰子。八戒无奈，只能求树上的悟空，腆着脸说："猴哥，您就帮俺再摘一个椰子呗？"

　　悟空说："我可给你过了，你自己没接住，赖谁？自己来摘吧，哈哈！"

　　八戒心想："真是小气的弼马温！俺老猪不跟你一般见识，自己来就自己来！看我不多摘几个，一个都不给你。"

　　八戒爬上另一棵树，摘了几个椰子，但不敢先丢下来，怕被抢走。于是拴在裤腰带上，慢慢从树上滑下。

　　唐僧此时却说话了："小白龙，这猫你打算怎么处理呢？"

　　小白龙为难地说："师父，我倒是想让它走，可它就是赖着不走，要不我们带着它一起上路？"

八戒听到这，顿时跳起来说："不行不行，绝对不行啊！它不走，我可走了啊！"

"你能走到哪去？"悟空的声音响起。

"回高老庄！"八戒下意识地说，但随即想起现在身处异界，想走没那么容易，只能跟着取经组，悻悻道："我……我……唉！"

唐僧安慰八戒道："八戒，一只小猫罢了，你大度点，让让它吧！它能跟咱们在一起，也算是一种缘分，罢了罢了，我们就带着它上路吧。我们休息的时候，就让它自己在附近找点吃的。"

既然师父开口了，几人都没意见，悟空的火眼金睛也看不出什么异常，想来只是只开了灵智的小猫而已。

唐僧又问小白龙："你可给这猫儿起过名字？"

小白龙答道："不曾，还请师父赐名。"

唐僧道："我观此猫，虽不如狮虎之雄壮，但亦威猛，仅在狮虎之下，若论灵活则更甚之。因此，我觉得可以叫它猫三王，你们意下如何？"

师父都给起好名字了，徒弟们自然没有啥意见。那猫似有不忿，但它衡量了下自己和猴子之间的实力对比，觉得还是先将就着吧。唐僧和悟空惹不起，沙僧太木讷，没意思，自己的坐骑要好好爱护，至于那八戒，倒是可以欺负欺负。

八戒没来由地感到背后一阵发凉。

取经组众人喝完椰子汁，休整完毕，检查了一下行李，准备找个有人的地方问问路。万里取经路，又要跨出一步了。

小白龙非常自觉地化成一匹白马，他得遵守观音菩萨的法旨，尽到坐骑的责任。他身上的衣冠也化作辔头、鞍鞯，好一匹神骏的宝马。猫三王继续趴在马头上，似乎觉得自己的坐骑现在这个样子更合它的胃口。唐僧翻身上马。悟空扛着金箍棒，蹦蹦跳跳地走在队伍的前方，这是他作为取经组武力担当的特权。八戒一手拎着上宝沁金钯，一手牵着白龙马，走在悟空身后。老实人沙僧背着行李，跟在最后。

在海边行走一段时间后，取经组发现这里并非荒岛，有不少人生活在这座岛上。在岛民的指点下，他们找到了路。同时，他们也知道了自己正位于东方的一个大岛上。

这个岛叫做东岛。东岛并不小，岛上居住着几万人，还有一些特产。岛上四季如夏，人们穿着都很单薄。

沿着逐渐宽阔的道路，取经组来到一个集镇。这个集镇也是连接东岛和其他各地的港口，叫做东港镇。点点帆影自天边而来，点缀在碧海之上，别有一番风情。除了西边的大陆外，往南也有航路，据说更南方有由万千岛屿组成的万岛之国，常有商旅走这条航路。至于北方和东方，也有人曾经向着这两个方向行走过，但是从来没人再能回到这里，当然，也没人从北方和东方来到东岛。

取经组在东港镇附近找了户农家，休息一晚后，来到港口，想要寻条西去的船只。

走到码头，只见人来人往，似乎还挺繁忙。周边是一望无际的大海。早先菩提老祖告诉过悟空，零壹天尊的分身在此界的西方，众人只要一路西行，找到零壹天尊的分身，并且解开难题，便可回到西游世界，继续取经历程。所以，想要西去，必须得出海。众所周知，由于唐僧的体质问题，取经组没办法施法过海，必须要找条船。

码头上的人们对长得稀奇古怪的家伙似乎司空见惯，没有人搭理他们，都在忙自己的事情。四人一马一猫在码头上晃来晃去，不小心碰到别人，还会招来一双双白眼，明显是嫌他们碍事。

这时唐僧看到有一个老人坐在码头边上唉声叹气，便上前打招呼："这位施主，贫僧来自东土大唐，要去往西天大雷音寺，见施主似乎有心事，不知是否有需要帮忙的地方？"

唐僧介绍自己的话本没有说错，不过他似乎忘记此界并没有东土大唐，也没有西天大雷音寺。

那老头说："长老有所不知，小老儿以跑船行商为生，刚来东港不久。这个港口的规矩有些不同，在这里，我们把各种商品塞到一个个大小相同的箱子里，每个箱子的重量不同，但运费一样，我想尽量多装一些箱子，不过船的载重量有限，我一直不知道如何才能装最多的箱子，正为此事犯难。"

八戒嚷嚷道："我当是什么难办的问题，每次你就找最轻的东西装呗，你说是吧，沙师弟？"这话倒是符合八戒贪心又爱偷懒的性格。

沙僧是个老实人，点头说道："师兄，我们要不帮老丈写个算法？"

八戒说："猴哥，看你的本事了！"

悟空思考了一下，然后对老丈说："我们先把要运的箱子按照重量排个序，你从轻的开始装，然后把装上船的货物的重量加在一起，一旦将要超过最大载重量，就停止装船。"悟空一边说，一边接过沙僧从行李中掏出的纸笔，开始写写画画。

核心算法如下：

```python
initList.sort()
for i in initList:
    tmp += i
    if tmp <= limit:
        c += 1
    else:
        break
```

不多时，悟空将写好的算法交给老头，老丈大喜。

此时，唐僧在一旁说道："善哉善哉，老施主，如果每次大家都只装最轻的箱子，那么重的箱子就没人装了吧？"

老头点头应是。唐僧说："要不你们同货主商量一下，以后按照重量来付运费吧？这样就不用担心货物的轻重问题了。"老头连连答应。

又寒暄几句后，老丈对唐僧说："长老可是要出海？"

唐僧点头应是，同时告诉老丈，自己等人要往西方一行。

老丈很高兴，说道："我的船正好也要去西方的大陆，等装完货物，我们就能起航了。如果长老不嫌弃货船简陋，可以搭我的船。"

唐僧很高兴，想不到这么顺利就能找到一条船去西方，对老头连声称谢。

老丈转身去安排出海事宜，他让水手们空出一间舱房，让取经组休息，虽然条件确实简陋点，但取经组众人都是皮糙肉厚、心智坚毅之辈，自然不在乎这些。

货船扬帆出海，唐僧和悟空立在船边，欣赏着大海的风景。对其他人来说，大海的吸引力却不是那么大，难得有躺着就能赶路的机会，纷纷待在唐僧身后的舱房里。缩在船舱里面的这群家伙，各个都和水有不解之缘。八戒是天河水军统帅，五湖四海哪里没有他的身影？沙僧掌控的流沙河，也是天下一等一的凶险水域；小白龙更是西海龙宫三太子，四海的主人之一。孙悟空本来也不想在船头吹风，但职责所在，就怕海里突然蹦出个不长眼的妖怪，将唐僧拿下。

不过悟空的担心还是有些多余，过海的时候，并没有出现什么不长眼的妖怪来招惹取经组，众人搭着船顺利地过了海。

本节完整代码：

```python
initList = [3, 6, 4, 2, 11, 10, 6]
limit = 30
tmp = 0
c = 0
initList.sort()
for i in initList:
    tmp += i
    if tmp <= limit:
        c += 1
    else:
        break
print(" 最多装载 ",c," 个物品 ")
```

第二节　再见女强人　会议安排算法

到达了港口，老头要去货场交割货物，取经组几人和老头告辞，准备踏上漫漫西行路。在船上，老头已经将自己珍藏的大陆地图复制了一份，赠送给取经组。

正说话间，一群人向这边走来，取经组几人不欲惹事，遂靠在路边。可不知是何原因，这群人径直向他们走来。

只见一个穿着奇怪的妙龄女子，从人群中走出，似乎是众人的首领。而唐僧一见是个女子，不敢多看，双手合十，微微低下脑袋开始念经。

那女子摘下墨镜，笑嘻嘻地对唐僧说："御弟哥哥，这是不认识我了吗？"

唐僧听到这声音，尴尬非常，在一边开始念"阿弥陀佛"。

悟空作为始作俑者，素来没脸没皮，上去解围说道："陛下，好巧，怎么你也在这里？莫非还放不下俺师父？"

到了这时候，想必大家都知道出现在取经组面前的正是女儿国的国王陛下。

"悟空！"唐僧没勇气对女王开口，但训训猴子还是没有问题的。

女王优雅且有礼貌地回答悟空："孙长老说笑了。"

然后转向唐僧，美目流转，说道："御弟哥哥，往事如风，又如过眼云烟，过去的事情已经过去了，如今我们也算他乡遇故知。我想请御弟哥哥和诸位长老去我那里叙叙旧，不知诸位意下如何？"

唐僧还在迟疑："这……"

八戒不管这些，第一个表示赞成。女儿国王对他们可是没话说，好吃好喝好招待，要知道，八戒心里可是完全不介意喊这女王一声师娘。

悟空走到师父身边，劝唐僧道："师父，陛下也是一番美意。再说，有俺老孙在，还怕走不了么？"

听悟空这么说，唐僧再次低头，双手合十，对女王道："如此，打扰陛下了！"

女王陪着唐僧，在周遭众人的簇拥下，来到码头附近的一座庄园。

这庄园占地颇广，装修得华丽大气，比之当年的西梁女国皇宫不遑多让。

女王将取经组引入大厅，分宾主落座。

可怜的白龙马被人引去马厩，自有人准备上好的草料。安坐白龙马头顶的猫三王，却很没义气地丢下自己的坐骑，蹲在老实人沙僧身上，混进了大厅。

服务人员送上水果点心茶水。女王屏退闲杂人等后，女王开始和众人讲述自己的经历。

原来这女王某日正在女儿国皇宫之内，突然四周起雾，浓雾散尽后，她就出现在这个世界里。然后她莫名其妙地继承了一间商行，成为董事长。凭借着多年女王生涯锻炼出的手腕能力，短时间内整合了商行的资源，并且让业务更上一层楼。

当女王认为这辈子就要在此度完余生之时，突然有一晚在梦中，碰到一个白胡子老道士。老道士自称太清道人，让她安心在这边发展势力，积攒力量。如果有一天碰到取经组，就好好招待他们，然后就在这里静待时机，终有一天能回到西梁女国。女王听完更加莫名其妙了，但这太清道人好大的名头，让她不得不信。于是女王派遣手下注意取经组的动静。

女王自然是信任取经组的，虽然这些人各有各的毛病，但目前大家利益一致，所以她将经历和盘托出。

取经组众人听后唏嘘不已。

这次，商会的会员听说有些奇怪的人给送货的船家出了一些主意，就把这事情上报给女王。女王一听就知道是取经组出现了，于是她算准了时间，在码头等候取经组一行。

正在这时，有下属匆匆来找女王汇报，说某地商会出现紧急事件，需要董事长处理一下。

女王到底是女强人，面上没啥变化，和唐僧等告个罪，匆匆地离开大厅。

女王一离开，八戒和猫三王两个吃货顿时肆无忌惮起来，拿起水果点心茶水开始大吃大喝。

唐僧有些担心女王，悟空却在旁边劝道："师父，陛下做事自有主见，等下我们问个清楚，再出手帮忙也不迟！"唐僧却不想因为表现得过于热切，导致和女王有更深的瓜葛，遂点头应是。

过了半晌，茶水点心用得差不多的时候，女王的身影重新出现在大厅中。见到取经组后，脸上再次挂上笑容。

唐僧问道："陛下可遇上什么难事？"

女王说："都是些凡俗杂事，说出来就太麻烦诸位了。"

悟空说："诶，陛下的事情我们一定得帮忙的，谈什么麻烦不麻烦呢。"

女王告诉众人，手下几万人跟着她的商会吃饭，平

女王的日程表

时事务繁忙，她想尽量多开些会，多了解些情况，但手下人总安排不好，所以烦恼。

唐僧听完女王的讲述，说道："待我们商量下，便给陛下一个办法。"

女王道："那就有劳各位了！"

这是一个会议安排问题，目的是在有限的时间内参加更多的会议。每个会议都有开始时间和结束时间。当一个会议的开始时间，晚于另一个会议的结束时间时，这两个会议不会互相冲突，可以称为相容。

八戒吃了很多女王安排的茶水点心，表现得非常积极，抢先说道："我觉得啊，我们每次得从剩下的会议中选择开始时间最早的，并且和已经安排的那些会议相容的会。"

沙僧难得有自己的意见，对大家说道："我觉得应该是从剩下的会议中选择持续时间最短的会。"

悟空也有自己的想法，他眼珠一转，说道："嘿嘿，俺老孙倒是觉得，应该从剩下的会议中，选取那些结束时间最早的会！"

几人开始争论起来。

唐僧怕徒弟们在女王面前失了礼数，遂制止众人，然后说道："且听为师分析一番吧！"

"按八戒的方法，选择开始时间最早的，如果会议持续时间很长，比如早上八点开始，持续十个小时，这样一天就只能安排一个会议，达不到我们的目的。"

沙僧有些自得地看了八戒一眼。

"有这么长的会吗？还让不让人吃饭了！"八戒嘴里不服，嘀咕一句。

唐僧也看到了沙僧的小动作，笑道："按照悟净的办法，选择持续时间最短的，那么当这个短的会开始时间很晚，将导致这一天也只能开一个会。"

沙僧的脸也苦了下来，八戒倒是高兴起来，附和道："师父说得有道理！"

"所以,我们要选择开始时间早,并且持续时间短的会。"唐僧停顿了一下,接着说道,"而开始时间 + 持续时间 = 结束时间,所以只要满足结束时间最早这个条件,就是我们应该选的会议。"

"嘿嘿,俺老孙说得没错吧!"悟空也是个爱显摆的,难掩脸上的得意神色。

唐僧的点评,确实让众人觉得非常有道理,所以就决定按照悟空的方法,从剩下的会议中选择结束时间最早的。

```
meetinglist = [[6,3, 1],[4, 1,2],[7, 5, 3],[5, 2, 4],[9, 2, 5], [8, 3, 6], [11, 8, 7], [10, 6, 8], [12, 8, 9], [14, 12, 10]]




meetinglist.sort()
```

定义一个会议时间的二维数组 meetinglist,现在数组中包含十个会议,每个会议以一个数组代表,格式为 [结束时间,开始时间,会议编号]。采用这种结构,主要是为了直接调用 python 自带的 sort 排序方法,如果安装了 NumPy 模块,还可以调用其中的方法进行多个条件的排序。

接过女王早已让人准备好的纸笔，唐僧亲自把这个方法写在纸上，双手递给女王。

唐僧字体圆润刚劲，看得女王美目异彩连连，吩咐手下人将此方法誊抄几份，发给安排会议的助手。同时女王将原件装裱起来，用作收藏。

天色渐晚，女王安排了丰盛的晚宴招待取经组，八戒和猫三王两个吃货大快朵颐，虽然没有做到扶着墙进，但是完全做到了扶着墙出。八戒嘴里念念有词，说什么"前路多艰，不知道还有没有机会像这样大吃大喝"，"与其未来后悔，不如当前吃饱"。看得其他人连连摇头。猫三王罕见地和八戒取得了共识，在边上喵喵叫着表示赞同。

女王掩嘴轻笑，称赞道："猪长老果然是真性情。我会为各位多备些干粮，好在路上吃。"

唐僧又连声感谢。

在庄园内休息一晚后，取经组向女王辞行。女王虽然想多挽留他们几日，但出家人的向道之心甚是坚决。女王没有办法，只得奉上干粮，送他们上路。

女王送出十里，才停下脚步。一直等到众人消失在地平线，才收回目光。此时，眼里的泪水再也止不住地往下流。

四人一马只顾向前，完全没有意识到女王的情况。只有猫三王回头看了几眼女王，随即喵喵了几声，似乎在说："唉，世间安得两全法，不负如来不负卿啊！"

本节完整代码：

```
meetinglist = [[6,3, 1],[4, 1,2],[7, 5, 3],[5, 2, 4],[9, 2, 5], [8, 3, 6], [11, 8, 7], [10, 6, 8], [12, 8, 9], [14, 12, 10]]
meetinglist.sort()

# 排完序后的第一个会议必然会被选择
c = 1
# 当前将 last 设为第一个会议的结束时间
last = meetinglist[0][0]
print (' 选择编号 ',meetinglist[0][2], ' 的会议 ')

# 数组下标，由于第一个会议已经被选中，直接从第二个会议开始比较
i = 1
while i < len(meetinglist) :
  if meetinglist[i][1] > last:
    c += 1
    last = meetinglist[i][0]
    print (' 选择编号 ',meetinglist[i][2], ' 的会议 ')
  i += 1

print(' 最多选 ',c,' 个会 ')
```

第三节　抠门的牛魔王　最小生成树

离开女王庄园，初时还能见到点人烟，但越往西行，道路越难走，周围也越来越荒凉。取经组经常只能在野外露宿，但大家都习惯了，倒费不了什么事儿。而且除开唐僧，其他几位都是寒暑不惧、百病不侵之辈。

一路上经常看见有妖怪出没的痕迹。如果妖怪不去招惹取经组，取经组也不会多生事端，主动去撩拨妖怪。可总有些不长眼的小妖，蹦到取经组面前，最终却被掌握了编程技巧的悟空等人打得落花流水。

一日，眼前出现一片高山，不知道有多广大，这可是真正的崇山峻岭。很多山头上都是云雾缭绕。众人一阵赞叹。

小路蜿蜒曲折，在远处若隐若现。悟空对八戒说："呆子，要不你先去探探路，看看山里有啥妖怪？我们和师父在这里先歇息一下。"

八戒哼哼道："我们在这方世界走了那么久，基本上没碰到什么厉害妖怪，这里还是挺太平的，我看就不用了吧！"

悟空说："之前走的地方都靠近人烟稠密之处，见不到厉害妖怪也正常。可这个地方如此险峻，怕是有厉害妖怪出没，你赶紧的！以你的本事，打不过逃回来还是没问题的。"

八戒的小细胳膊拗不过悟空的粗大腿。没办法，只好一个人拖着钉耙，哼哼唧唧地沿着小路往山里走去。

悟空在后面大叫："你可别偷懒！"

八戒也不回头，只是挥挥手，表示知道了。

唐僧三人一马一猫在路口等了将近两个小时，猫三王甚至已经睡了一觉，却还不见八戒回转。

唐僧渐渐有点焦急，对悟空说："悟空，八戒不会出什么事了吧？"

悟空对师父说："前面的路上我已经跟大家说过此界妖怪的情况，如何对付这里的妖怪，八戒也有些心得，想来就算打不过，逃命还是绰绰有余的。我猜这呆子肯定又在什么地方偷懒睡觉，忘了时辰。师父不用太过担心。"

就在这时，悟空等人听到小路上有些动静，凝神观望，发现一群小妖从山里奔出。

悟空第一时间扯出如意金箍棒，挡在小妖的来路之上，同时默默观察那些小妖的本命问题，心中合计用何种程序消灭小妖。一旁的沙僧也拿出降魔宝杖，擎在手中，护在唐僧身旁。

小妖们到了离悟空十米左右的地方，齐齐停停下脚步，为首小妖对悟空一抱拳，说道："前方可是齐天大圣？小的奉我家大王之命，请大圣和唐长老前去山中一叙。"

悟空心中咯噔一下，想道："莫非八戒被妖怪捉了？不然妖怪们怎么知道我们的身份。看来这里的妖王还挺厉害，俺老孙倒要会一会他。"

悟空开口问道："你们可看到我师弟了？"

那小妖笑道："大圣放心，天蓬元帅已经去我们大王那里用饭了。"

"哦，还有此事？你们大王是谁？如何认得俺老孙？"悟空奇道。

小妖有点得意地说："我家大王说要给大圣一个惊喜，去了便知。大圣莫非怕了？"

悟空最受不得激，道："俺老孙从不知道怕字怎么写！师父，咱们走，一起去会会那个藏头藏尾的大王。"

悟空也不是没脑子的莽夫，通过刚才的观察，他发现眼前这些小妖们的本命问题，基本都是些四则运算，自从他会了计算器的程序，四则运算的题目全是小菜一碟。这样的小妖，就算来一万个，甚至十万个，统统只要一个响指就能消灭，对他完全不构成威胁。这也是他敢直面此界妖王的底气所在。

进了山口，众人发现道路不算太糟，起码白龙马驮着唐僧还是可以跑起来的。带路的小妖们都是些跑得快的，后面跟着的取经众行进得也不慢。

就算是这样，他们也一口气跑了四五个小时才停下来。等看到前面的山寨时，最后一点阳光刚好消失在山巅。

山寨门口燃烧着巨大的火盆，熊熊火光照亮附近一片地方。带头的小妖和山寨守卫打个招呼，将众人引入寨内。

悟空暗暗留心四周守卫，发现山寨中的小妖们数量确实不少。

穿过几道木门，来到一块空地。空地那头是一座巨大的石屋。石屋门口站着一个巨大的身影，远远看去，两只巨角冲天而起。

别说悟空，就连唐僧这眼神不太好的，都认出此人正是大名鼎鼎的积雷山主，大力牛魔王！

牛魔王哈哈大笑迎了上来，在牛魔王后面跟着的正是猪八戒。

看到八戒也在场，取经众人提起的心放下了一半。牛魔王和唐僧悟空等人见礼，寒暄一阵，将他们请进山寨大厅。

众人落座后，牛魔王说："不瞒诸位，此次请诸位来这山寨，俺老牛是有事相求。"

既然牛魔王好言相求，想必安全方面没什么大问题，唐僧也就放下了心。想当初，这牛魔王乃西牛贺洲一等一的妖王，手下妖兵妖将无数，自己又是绝顶高手。为了擒拿牛魔王，各方势力出动大量人马，费尽千辛万苦，才将这老牛拿下，端的是凶威赫赫，魔焰滔天。

牛魔王坐在主位上，对众人说道："俺老牛来到此界，除了体悟大道，还要发展一方势力，这几万平方公里的积雷山就是俺的基业，但此界的法力特殊，很少有人能用法力来进行远距离传递信息，信息不畅，导致我这基业快要没办法扩张了。"

悟空说："哦，还有这种说法吗？"仔细想了一下，确实是这样，如果一个国家的国土太大，没有快速的消息传递方法，消息无法及时上传下达，整个国家都将失去控制。

牛魔王接下去说道："此界的人族，发明了一种宝物，称为电话，可以实现远距离通话，连凡人都可以使用。"

"不过铺设电话所需要的费用太高，而俺老牛目前又太穷，只能在几处主要据点布置，非常不便。现在打算请贤弟帮俺想个办法，看看如何才能在成本最低的情况下，用电话线把俺所有的据点连接到一起？"

牛魔王以前是习惯了打打杀杀，现在转行做管理，看来干的也是有模有样。

"牛大哥可以讲讲你有多少据点吗？"

"俺这积雷山中，有村寨 36 座，洞府 72 个，大小哨卡 256 座。"牛魔王不无自得地说道。这可是他来到这里后，花几年的时间，凭借实力打下的基业。

"厉害！"悟空跷起大拇指。

"这年头养活手下人不容易，俺尽量做到扁平化管理，提高效率，呵呵！"牛魔王现在可变了，上次被人围殴之后，就想着有机会也要让自己这方的势力强大起来，而不是只靠个别人。

"牛大哥，这个事情可能有些麻烦，俺们得好好商议一番。"悟空答道。

牛魔王从来是个豪爽的人，大手一挥："那是自然。先吃饭，先吃饭！"于是安排手下小妖上点蔬菜瓜果，山珍素酒之类的食物。

彻底放下心的取经组也是敞开胸怀，好好吃了一顿。毕竟已经在野外行走了很长时间，都没机会好好吃饭。虽然唐僧不在乎口腹之欲，但是有好吃的食物摆在面前，也不会浪费。

饭后，牛魔王将取经组安排到客房休息。

唐僧端着紫金钵盂，吹了吹里面的热气，轻啜一口枸杞茶，跟几个徒弟开始商量牛魔王的事情。

"嗝！"八戒打了个饱嗝，今天他吃得挺欢畅，"想不到老牛来这边发展得挺好啊，短短时间已经占下那么大的一片地盘！"

悟空此时正拿着牛魔王派人送来的新积雷山地图，细细查看。地图上密密麻麻的标注着各种据点，让人看的头皮发麻。沙僧个头比悟空高点，站在旁边一起看。猫三王蹲在沙僧肩头，瞪大着眼睛，也不知道它能不能看懂。

悟空皱着眉头说道："如果我们把地图上的每个据点当成一个结点，结点之间的连线当成一条边，就能把这个问题转换成一个图的问题。"

沙僧说："牛魔王的据点太多，我们能不能把问题简化下，先按照几个结点的情况进行分析？"

唐僧点头："悟净说得不错，两百多个据点把我眼睛都看花了，我们先搞几个点意思一下。"

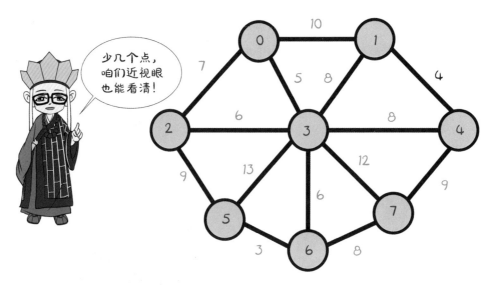

少几个点，咱们近视眼也能看清！

沙僧转身拿过纸，将简化后的问题画在纸上。四人一猫围在桌边，盯着纸看。

唐僧若有所思地说："看来，这个问题其实是个求最小生成树的问题啊！"

最小生成树？这个词语的每一个字，徒弟们都认识，但是合在一起是什么含义，他们就不知道了。

于是唐僧开始解释。

唐僧指着沙僧画的图，对徒弟们说道："这是一个图，对吧？因为所有的点都连在一起，所以叫连通图。"

众人点头。

唐僧接着圈出几个顶点和几条边，说道："这叫子图，明白吗？"

众人继续点头。

唐僧又圈了一下，包含了所有的结点，和其中几条边，说："所有的点和几条边，叫生成子图。"

众人又点头，还没明白啥叫生成树。

唐僧喝口枸杞茶，"如果这个生成子图是一棵树，那就是生成树！这下明白了吗？"

"哦，原来如此！"徒弟们回答道。

八戒举手，问道："师父，那什么是最小生成树呢？"

"问得好！图上每一条边，长度可能不一样，代表的数值也不一样，我们可以把这些数值称为权值。生成树中，各条边权值之和最小的那棵，就被称为最小生成树。"唐僧回答。

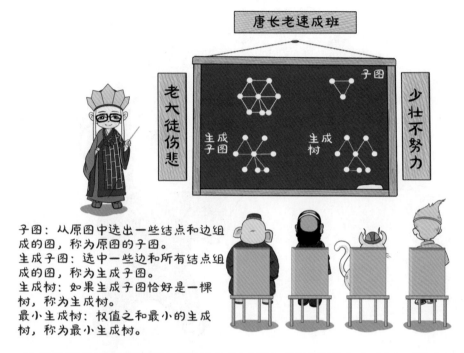

子图：从原图中选出一些结点和边组成的图，称为原图的子图。
生成子图：选中一些边和所有结点组成的图，称为生成子图。
生成树：如果生成子图恰好是一棵树，称为生成树。
最小生成树：权值之和最小的生成树，称为最小生成树。

沙僧挠挠半秃的脑袋说："既然我们已经知道要求最小生成树，那到底应该怎么求呢？我还是完全没有头绪啊！"

"对于 n 个结点的图来说，我们只要 n-1 条边就可以使它连通。而 n-1 条边要确保整个图连通，必须不包含回路。所以我们只要找出 n-1 条权值最小，且没有回路的边即可！"悟空给出了自己的意见。

唐僧想了下，说道："如果用 n-1 条边就连通整个图，那么这 n-1 条边加上所有的顶点，就是这个图的生成树了。悟空说得没错。"

八戒插嘴道："要找出 n-1 条权值最小的边很简单啊，排个序就好了，可是，要怎么才能保证无回路呢？"

众人顿时陷入了沉思。

是呀，这个问题有点难住取经组了。

半晌，猫三王跳到一边的桌上，发出一声巨响，吓了众人一跳。猫三王拿爪子把牛魔王准备的小橘子分成两堆，然后开始吃起了橘子。

八戒见了，就开始骂猫三王："好你个胖猫，别人都在想主意，就你在那里吃橘子。"一边骂骂咧咧，一边走过去伸手也拿了一个橘子。

当看到橘子的时候，八戒脑海中突然划过一道闪电。

"我想到了！"八戒把小橘子顺手往嘴巴里一丢，也不管橘子皮的苦涩味道，大叫道。"俺老猪果然是最聪明的！"

"八戒，你倒是说说看？"悟空难得对八戒好言相向。唐僧也望向八戒。

"师父，你看啊。"八戒不理悟空，对唐僧说道，"我们在构建生成树的时候，把已经在树上的结点看作一个集合，把剩下的顶点看成另一个集合。"

"我们只要从这两个集合中，各选一个点，然后使它们之间的连线权值最小，这不就满足我们的要求了吗？"

其他几人恍然大悟，想不到看似困难的问题，解决起来如此简单。

沙僧补充道："然后被选中的结点，都归于前一个集合，之后就可以利用循环来进行计算了！"

唐僧也挺兴奋，说道："我们用这个方法推演一下简化过的那个图吧，看看是不是确实可行。"

所有点的集合，设为V,已经在生成树上的点的集合，设为U
还未在生成树上的点，属于集合V-U

初始状态，从0点开始
U中包括0点，其他点
在V-U中

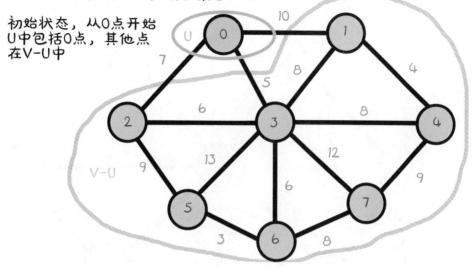

从V-U中，找到离U最
近的点，这里是点了，
把点3加入U

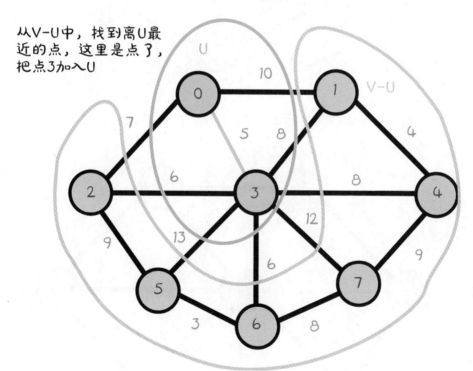

从V-U中找到到U距离最短的点2，加入U，这步完成后，状态如下

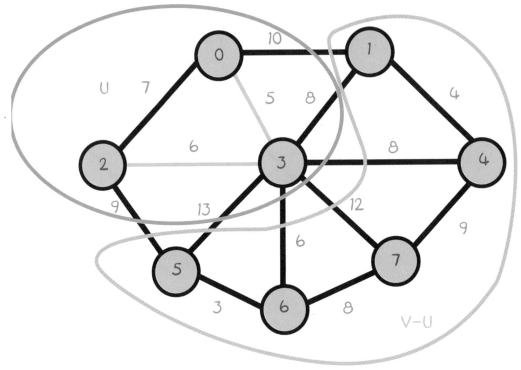

从V-U中找到距离U最近的点6，加入U，完成后，状态如下

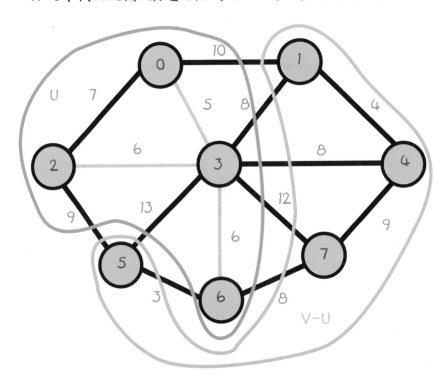

从V-U中找出距离U最近的点5，加入U，完成之后状态如下

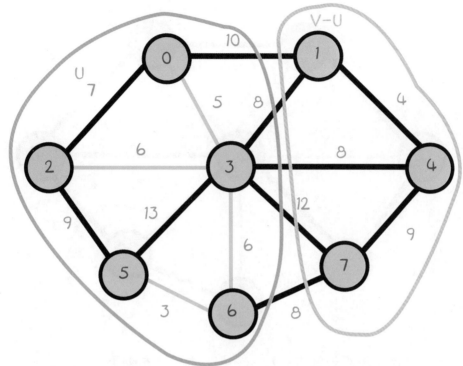

从V-U中找出距离U最近的点1，加入U，完成之后状态如下

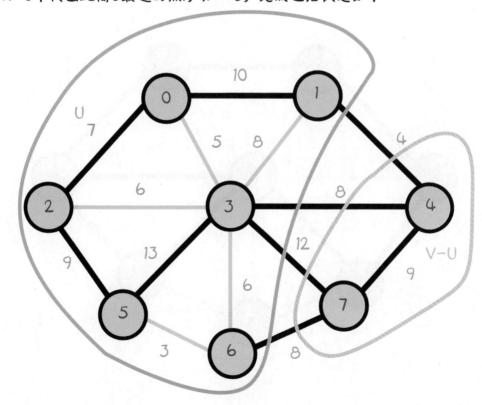

从V-U中找出距离U最近的点4，加入U，完成后状态如下

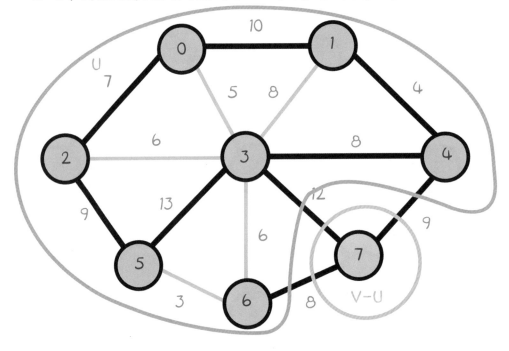

从V-U中找出距离最近的点7，加入U，最终状态如下

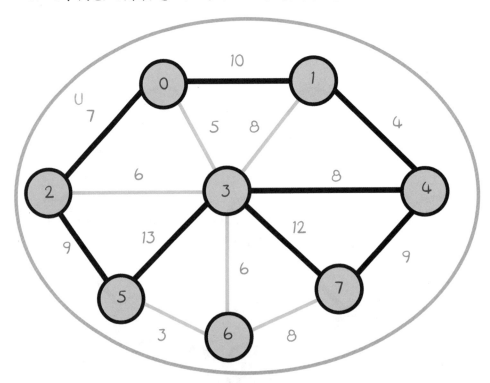

将每次最短距离的连线记录下来，就成了最小生成树。

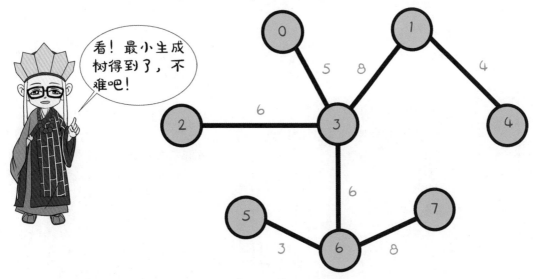

经过上面的分析，八戒提到的这个方法是正确的。

对于图相关的问题，我们经常采用二维数组来建立一个邻接矩阵。建立一个布尔型数组 s 来表示每个结点当前是否已经加入生成树，另外用两个数组来表示从某结点出发的边的最小权值，以及对应的结点编号。通过如下的方式进行初始化。

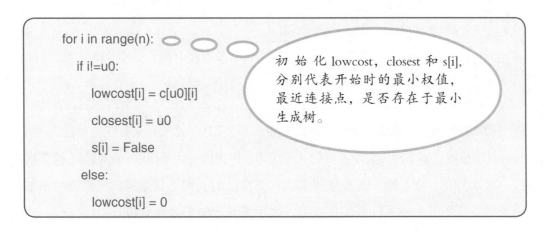

在下面的算法中，求得最小权值，最近连接点，并更新是否存在于最小生成树中的状态。

核心算法如下：

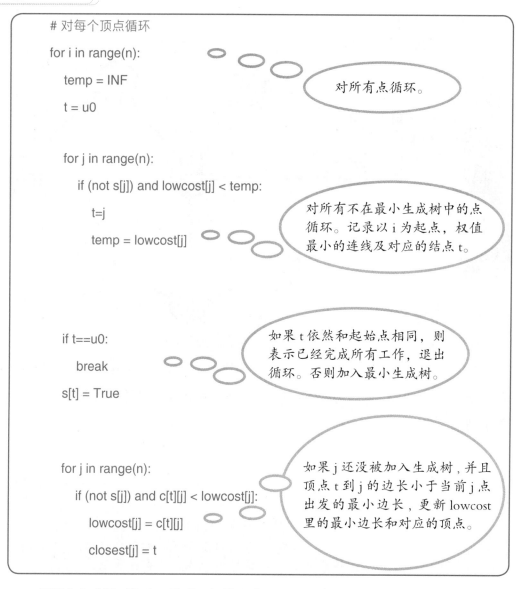

```
# 对每个顶点循环
for i in range(n):
    temp = INF
    t = u0


    for j in range(n):
        if (not s[j]) and lowcost[j] < temp:
            t=j
            temp = lowcost[j]



    if t==u0:
        break
    s[t] = True



    for j in range(n):
        if (not s[j]) and c[t][j] < lowcost[j]:
            lowcost[j] = c[t][j]
            closest[j] = t
```

对所有点循环。

对所有不在最小生成树中的点循环。记录以 i 为起点，权值最小的连线及对应的结点 t。

如果 t 依然和起始点相同，则表示已经完成所有工作，退出循环。否则加入最小生成树。

如果 j 还没被加入生成树，并且顶点 t 到 j 的边长小于当前 j 点出发的最小边长，更新 lowcost 里的最小边长和对应的顶点。

　　唐僧让八戒写下算法，待明日好给牛魔王一个交代。八戒好歹曾经是天庭的高级将领，字虽然比不上身为文职人员的三藏法师，但比悟空还是强点，起码工工整整。

　　八戒写完，放下笔，正要拿起来欣赏下自己的大作。只见猫三王施施然从纸上踏过，爪子上的橘子汁，印在纸上，像个图章，似乎是在宣誓自己的主权。八戒作势要打猫三王，可惜，灵活的胖猫根本不给他这个机会。

　　解决牛魔王的问题后，众人纷纷回房歇息。第二天一早，悟空将这办法交给牛魔王，牛魔王赞叹不已，想不到取经组众人如此之聪明。

　　知道取经组不愿意在路上多耽搁时间，牛魔王亲自开路，在这万里积雷山中生生开出一条坦途。唐僧谢过牛魔王，带领众人继续西行。

本节完整代码：

```
INF = 1000000
n = 8
# 边的数组 [ 开始结点，结束结点 , 边的值 ]
sidelist = [0,1,10],[0,2,7],[0,3,5],[1,3,8],[1,4,4],[2,3,6],[2,6,9],[3,4,8],[3,5,13],[3,6,6],[3,7,12],
[4,7,9],[5,6,3],[6,7,8]]
m = len(sidelist)
c = [[INF]*n for i in range(n)]
s = [False]*n
closest = [-1]*n
lowcost = [INF]*n
def prim (n,u0,c):
  s[u0] = True
  for i in range(n):
    if i!=u0:
      lowcost[i] = c[u0][i]
      closest[i] = u0
      s[i] = False
    else:
      lowcost[i] = 0
  for i in range(n):
    temp = INF
    t = u0
    for j in range(n):
      if (not s[j]) and lowcost[j] < temp:
        t=j
        temp = lowcost[j]
    if t==u0:
      break
    s[t] = True
    for j in range(n):
      if (not s[j]) and c[t][j] < lowcost[j]:
        lowcost[j] = c[t][j]
        closest[j] = t

u0 = 0
for si in sidelist:
  c[si[0]][si[1]]=si[2]
  c[si[1]][si[0]]=si[2]
prim(n, u0, c)
print (lowcost)
```

第四节　迪科观惊魂　迪科斯彻算法

　　日子一天天过去，取经组来到一座古色古香的道观，此道观占地极广，正门上挂着一块匾额，上书几个大字，迪科观！

　　悟空上前拍开大门，里面迎出一位相貌清秀的道童。唐僧上前见礼，说自己一行乃是过路的僧人，想在此地借宿一晚。

　　这道童客气地将一行人带入客房，并亲自奉上香茶，随即告退。

　　唐僧对这个道观甚是好奇，他虽然学识渊博却也不知道这里拜的到底是哪位。

几人正闲聊间，那看门的道童引着一位中年道士上门来拜访。道士面容清癯，三绺须髯飘洒胸前，看着着实是个有道之士。

唐僧和那道士客套一番后，话语一转，便将心中的疑问说了出来。

道士笑着回答，说这道观拜的是一个叫迪科斯彻的先贤，此公对这方世界有巨大贡献。

唐僧听后，对先贤的事迹十分景仰，想去参拜一下。这无关信仰，纯粹是去见识一位为世界做出重大贡献的人。

道士欣然同意，带着众人先去大殿参拜，再去藏书阁，藏书阁里面有迪科斯彻本人及其学生留下的众多书籍。一行人最后来到后院的塔林。

这个塔林用来记载迪科斯彻过去的丰功伟绩。塔林入口处有一块巨大的石碑，刻着这些建筑的地图。塔林里有八十一座塔，每座塔上刻画着迪科斯彻的一项功绩，如斩妖除魔、帮助百姓等。

唐僧看得入神，一圈逛完，已经过了很长时间。当众人再次回到入口时，唐僧身上发出一阵光芒，整个人软软地倒了下去。

悟空眼疾手快，扶住了师父，连声呼唤。见唐僧没有啥反应，师兄弟几人把唐僧平放在地上。

悟空仔细观察了唐僧的状态，对其他人说道："这看着有点像离魂之症，又或者这里有什么妖孽作祟，吸取了师父的魂魄？"

可这灵魂出窍是在悟空的火眼金睛下发生的，他却没有任何察觉，不由让人觉得不可思议。

悟空一把揪过旁边跟着的道士，问道："你这道观里可有什么妖怪，摄了俺师父的魂去？"

中年道士被悟空呲牙咧嘴的模样给吓着了，强笑道："长老说笑了，我这里是纪念先贤的地方，哪有妖邪之物？"

悟空怒道："那我师父的魂魄去哪里了？难不成我师父自己灵魂出窍了？你要说不出个道理，别怪我翻脸无情！"

道士脑门开始冒汗，想说你师父突然倒下关我什么事，说不定是脑溢血还是心脏病呢。

突然他灵光一闪，想起自己观中典籍曾经记载的一则故事。

故事里说迪科斯彻的大弟子，也是此道观的创始人，在塔林里布下阵法，希望将迪科斯彻的一身智慧流传后世。一旦有缘人出现，灵魂将进入异度空间，接受知识的传承。传承完后，通过迪科斯彻的考验，灵魂就能回归肉身。

道士把这个故事告诉悟空等人，搞得取经组几人也不好发作。

在这零壹界里，和在四大部洲完全不一样，取经组可没有靠山，万事只能依靠自己。所以，悟空也不知道该去找谁帮忙，只好让道士先把唐僧安排在客房里，让沙僧看护着。同时，让中年道士带着自己、八戒和重新化为人形的小白龙去道观的藏经阁，希望能从书中找到线索。作为一只有追求的猫，猫三王当然也跟自己的坐骑一起去了藏经阁。

道士带着三人一猫找了半天，终于在一本破旧的书中找到了这件事情的说明。

书上说，只有有缘人能触发阵法，灵魂将被吸入异度空间，学习里面的知识。有两种方法可以让灵魂回归，第一就是接受完迪科斯彻完整的知识传承，异度空间会主动放归传承者的灵魂。另一种方法就是通过外力，破解塔林谜题，传承者灵魂将只吸收部分基础知识，对于其他高深问题，只是囫囵吞枣一般记在脑中，日后慢慢参悟。悟空等人不知唐僧何日才能接受完完整的知识，为了赶时间，决定尝试破解塔林谜题。

后院塔林入口处的石碑上，刻有 81 座石塔，石塔和石塔之间由有向路径相连，石碑上会随机出现路径的长度，要求从入口处的石塔开始，找出一条经过每一座石塔的最短路径，依次将石塔序号填入 81 个空中。一旦结果正确，就能激活阵法，联系上异度空间内的唐僧。当时机成熟之时，通过石碑上的阵法，将唐僧的灵魂拉回迪科观。

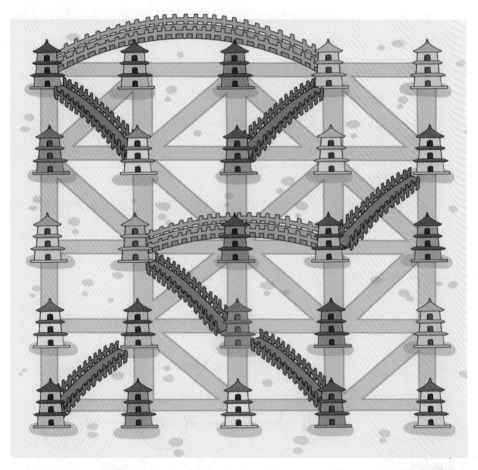

八戒开口了："猴哥，这个问题好像和我们上次给牛魔王做的那个最小生成树有点像啊？"

悟空点点头，说："是啊，这两者确实有些像。不过这里的问题是所有点到一个固定点的距离，而且这个图是有向图。"

给牛魔王想办法那次，小白龙还在马厩中睡大觉，事后只是听了个皮毛，不过这次他打算参与进来。小白龙建议道："大师兄，我们把资料带回房间，一起商量商量吧！"

悟空点头同意，一行人回到客房。中年道士曾经学过迪科斯彻的著作，也想看看取经组怎么解决这个问题。

悟空清了清嗓子，开始说他的想法。

"我们可以参考以前的方法，将所有点分成两个集合。第一个集合中，一开始只包括起点，经过计算后，将所有已经确定了到起点的最短路径的点都包含在第一个集合中。另一个集合包含剩下的点，即还没确定到起点最短路径的点。"

为了简化描述，将第一个集合称为 S，将包含所有顶点的集合称为 V，那么包含剩下点的集合就是 V-S。

将从起点出发，只经过 S 中的点到达 V-S 中的点的路径称为特殊路径，并用一个数组记录当前每个结点所对应的最短特殊路径。

每次可以选取长度最短的特殊路径，将其连接的 V-S 中的点加入 S，同时更新最短特殊路径数组。

一旦 S 中包含了所有点，这个数组就是从起点到所有其他点之间的最短路径的长度。

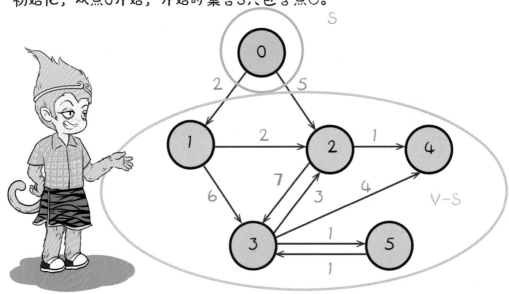

初始化，从点0开始，开始时集合S只包含点0。

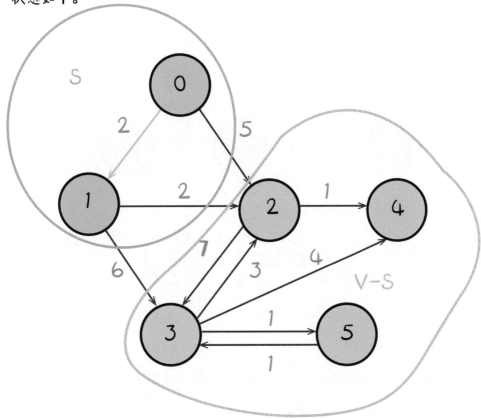

从集合V-S中，找出距离S最近的点1。只经过S中的点到达V-S中的点的路径，称为特殊路径，记录最短特殊路径。将点1加入S。这步完成后，状态如下。

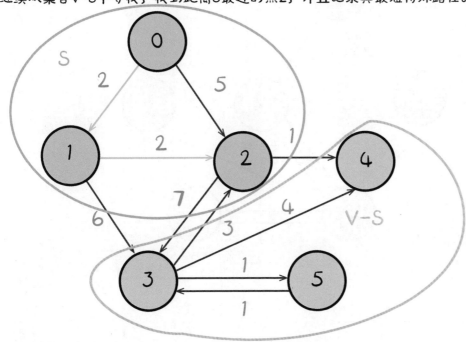

继续从集合V-S中寻找，找到距离S最近的点2，并且记录其最短特殊路径。将点2加入S。

继续寻找，找到下一个距离S最近的点。记录最短特殊路径，并将点4加入S。

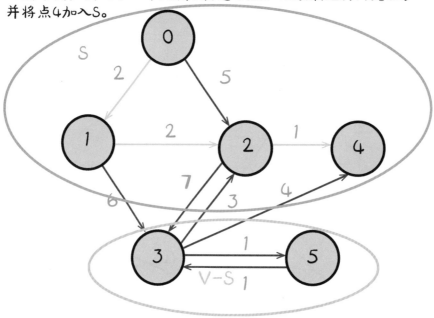

下一个被拉入S的是3，它的最短特殊路径为2+6=8。

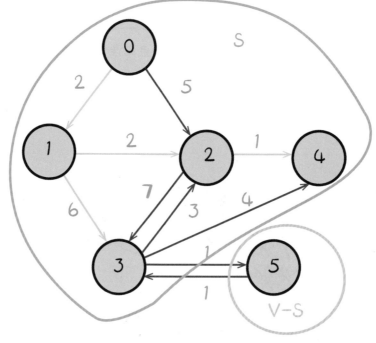

将最后一个点也拉入S，大功告成！

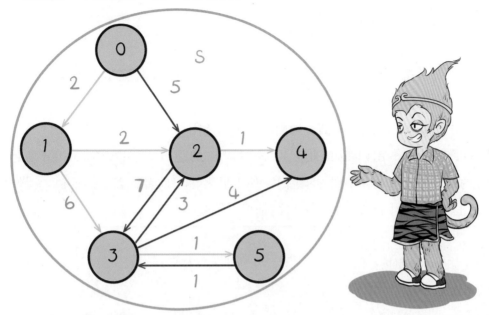

这个算法有点复杂，猴子脑袋里的弯弯绕绕还挺多。小白龙表示完全听不懂，猫三王开始为坐骑的智商着急。

八戒觉得，可能换一种说法更能让人听懂。他已经开始考虑具体的实现了。

八戒说："既然是图的问题，就叫 map 吧，我们可以用邻接矩阵。我们将起点叫做 u，当前要计算的那个点记作 i，map[u][i] 就是从起点到 i 的距离。因为这个图的顶点之间的路径是有方向的，所以如果 i 到 u 没有路径，则 map[i][u] 就记作无穷大。"

"用一个一维数组 dist 来记录起点到其他各个点的最短距离。比如，dist[i] 就是起点到点 i 的最短距离。"八戒继续说道。

沙僧沉吟一下，补充道："我们要知道确切的路径，所以再来个数组存储起点到点 i 的路径吧。"

悟空说："只要存前面一个点就行，剩下的可以推出来，所以用一个一维数组就可以，我们叫它 p。"

沙僧想了想，表示同意。

八戒继续说道："刚开始的时候，集合 S 里只有起点 u，对 V-S 里任何一个点 i，dist[i]=map[u][i]。因为此时还没有计算，所以我们直接从邻接矩阵里取值。如果起点 u 到点 i 有路径，则 p[i]=u；如果没有，则 p[i]=-1。"

"然后找所有 dist[i] 中最小的？"小白龙问，他有点开始听懂了。

"正确，假设 dist[t] 是最短的那个距离，我们就知道点 t 离起点最近。"八戒说。

"我们就把 t 从集合 V–S 移到 S，如果这时 V–S 集合空了，那就表示完成了？"小白龙继续问。

"对，如果 V–S 没空的话，里面的点可以利用点 t 当跳板，抄个近道！"八戒开始得意起来，"比如 dist[j] 是起点 u 直接到 j 的距离；而 dist[t]+map[t][j] 是起点到 t 的最短距离和再从 t 到 j 的距离。如果后者小于前者，表示抄近道，我们可以让 dist[j]= dist[t]+map[t][j]。同时 j 的前一个点就是 t 了，p[j]=t。"

```python
for i in range(n):

    temp = INF

    t = u
```

对所有顶点循环。

```python
    for j in range(n):

        if (not flag[j]) and dist[j]<temp:

            t=j

            temp = dist[j]
```

从所有未确定最短路径的点中，找出距离最短的点 t 和最短距离。

```python
    if t==u:

        return

    flag[t]=True
```

如果没有找到更近的点，退出。否则，将最近的点 t 加入到已确定最短距离的集合中。

```python
    for j in range(n):

        if (not flag[j]) and map[t][j]<INF:

            if dist[j]> (dist[t]+map[t][j]):

                dist[j] = dist[t]+map[t][j]

                p[j] = t
```

查看有没有经过 t 能抄近路的情况，如果有，更新最小距离。

"明白了，之后就不断重复前面的步骤，一步步挑出 dist 中最短的距离，并且通过数组 p 逆推出距离最短的路径。"小白龙搞明白了这个问题，并且给了八戒一个大拇指。

旁边的中年道士拊掌而笑，想不到一群外来的和尚，这么快就能解决这个问题。

悟空将程序默记在心，和众人一起回到塔林入口石碑前，将唐僧的身体靠在石碑旁。只见石碑上刻着的各个塔之间，出现密密麻麻的线条和线条对应的长度数据，饶是他们动用法眼，也只能勉强看清。

大约每五分钟，石碑上的线条长度会变化一次，所以想要解决问题，必须在五分钟内把所有正确的答案填入石碑上的塔中。对普通人而言，可能光石碑上的线条就要看很长时间，但对悟空来说，也就是扫一眼的事情。悟空将所有塔和线条的数据输入自己内存中的程序，几个呼吸间就得到了结果。又按照顺序，将答案填入。

只见石碑上光芒大作，这石碑顿时显现出唐僧的影像。

此时唐僧正在一处空间内，双目紧闭，面容平和，浑身散发着淡淡的光芒，想来是正在接受知识的传承。

悟空等人时刻观察着唐僧的状态，准备一旦发现情况不对，便将他唤醒。

大约又过了一个小时，空间中的唐僧睁开双眼，外界的悟空等人顿时高兴起来，大喊"师父，师父！"

唐僧也听到外界的喊声，回应道："徒弟们！你们在哪里？"

悟空说："师父莫慌！你在塔林的异度空间接受知识传承，我们还在外面！如果你已经接受完这些知识，我们就拉你回来啦！"

唐僧说："我已经基本了解啦，还剩些特别高深的可以回去慢慢参悟，快拉我回去！"

悟空按下石碑上出现的按钮，就看从石碑里出现一道亮光，朝唐僧的身体飞去。想来这就是唐僧的魂魄，众人将唐僧围在中间。

不多时，唐僧悠悠醒转，对守在旁边的众人道："我好像做了一个梦，梦到有人传授我很多知识。"

悟空道："师父，你没做梦，你确实接受了迪科大师的知识传承！我们刚把你的魂魄拉回来。"

"原来如此！"唐僧也是经历过不少大风大浪的人，很快调整了心情，从地上站起来。

回到客房，唐僧再次感谢中年道人，毕竟得了人家的知识。中年道人连说惭愧，只是希望有缘人将迪科斯彻大师的知识发扬光大。唐僧点头应是。

本节完整代码：

```python
INF = 1000000  # 定义一个无穷大的常量
n = 6
# 连线的数组 [ 开始结点，结束结点，边的权值（长度）]
roadlist = [[0,1,2],[0,2,5],[1,2,2],[1,3,6],[2,3,7],[2,4,1],[3,2,3],[3,4,4],[3,5,1],[5,3,1]]
m = len(roadlist)  # 结点间连线（边）的条数
u0 = 0  # 开始结点编号
map = [[INF]*n for i in range(n)] # 邻接矩阵，存放图的信息
flag = [False]*n # 布尔型数组，表示某个点是否已经确定了最短路径
p = [-1]*n # 最短路径上的前驱点
dist = [INF]*n # 最短路径数组

def dijk (u):
  for i in range(n):
    dist[i] = map[u][i]
    flag[i] = False
    if dist[i] == INF:
      p[i] = -1
    else:
      p[i] = u
  dist[u] = 0
  flag[u] = True
  for i in range(n):
    temp = INF
    t = u
    for j in range(n):
      if (not flag[j]) and dist[j]<temp:
        t=j
        temp = dist[j]
    if t==u:
      return
    flag[t]=True
    for j in range(n):
      if (not flag[j]) and map[t][j]<INF:
        if dist[j]> (dist[t]+map[t][j]):
          dist[j] = dist[t]+map[t][j]
          p[j] = t
```

接上页

```python
for ra in roadlist:
    map[ra[0]][ra[1]]=ra[2]
dijk(u0)
out = ""
for i in range(n):
    if i!=u0:
        out=" 从位址 "+str(u0)+"- 要去的位址 "+str(i)
        if dist[i] == INF:
            print (out+" 没路 ")
        else:
            print (out," 最短距离为 ", dist[i])

print(p)
```

真传一句话

贪心秘籍

贪心法的核心是总做出当前最好的选择，它期望通过局部最优选择来得到全局最优的解决方案。

何时用这招

贪心选择性质：可以通过局部最优选择来构造全局最优解，通俗地说，就是能将问题分成若干相似的步骤，每一步的解就是局部解，合一起就是全局的解。

最优子结构：一个问题的最优解包含其子问题的最优解。当然，为了确保贪心法的正确，还要加上更严格的一层限制。问题的最优解包含其所有子问题的最优解。

怎么用这招

第一步，确定贪心策略，选择当前最好的一个方案，根据不同的解题目标，贪心策略也不同。比如猫三王去吃自助餐，年轻时为了吃回票价，它每次都挑最贵的食物；去吃的次数多了，它改变了策略，每次只吃自己喜欢的食物；后来为了减肥，只好每次都挑热量低的食物。这就是不同的贪心策略。

第二步，根据贪心策略，得到局部最优解。

第三步，将所有局部最优解合成原问题的一个全局最优解。

玄之又玄

现实中的很多事情，其实都不能用贪心法求得最优解，当我们做出一次选择时，冥冥中会影响之后的选择，尽管当时看来是最优的方案，但事情完成后回头来看，往往并非最优；反而是在某一步做出退让，可能最终能达到最优结果。

贪心法的思路简单直接，很多时候虽然不能得到最优解，但也可以得到近似最优解，因此深受大众喜爱。

猫三王日记

地球历 ＿＿ 年 ＿＿ 月 ＿＿ 日　天气 ＿＿

这里好漂亮，比马尔代夫上的小岛还漂亮。

阳光，海岛，沙滩，椰子树。

嗯，我挺想要点果汁、烤鱼什么的，可是，并没有。

这时，我突然见到猴子爬树了。我眯起双眼，绷紧身体，随时准备着……

猴子其实人还不错，知道给大家弄椰子。只是他爬的那棵椰子树上只有五个椰子，我想吃估计还得靠自己。

果然，猴子给八戒丢了一个椰子，八戒正在那里傻笑。我起跳，抢断，一个翻滚，稳稳地将椰子控制在爪下。然后再次起跳，我抓着椰子朝坐骑脑袋上扣去！

放心，这只是个假动作，没有真的扣到坐骑脑袋上，只是吓吓他，让他知道谁是主人。

我悠闲地亮出利爪，在椰子上开个洞，然后霸气地喝起来。本喵喝东西是有水平的，不是那些只会舔的家伙能比的。

八戒反应过来，想抢回椰子，可我的坐骑也不愿意和这八戒发生些亲密接触，轻松地让过他，没让他碰到一根毛。

八戒开始发怒，开始耍小性子。不过就他这颜值，没人惯着他。唐长老发挥婆婆嘴的优势，三下五除二说服八戒认怂。

但接下来的事情，让我万万没想到。

唐长老，三藏法师，唐僧，玄奘，大唐御弟，居然给我起了个名字。

他一本正经地在那里胡扯半天，居然给本喵起名叫猫，三，王！

我整个人，不，整个猫都不好了。我已经伸出我的利爪，势必要让这和尚知道花儿为什么这样红。

猴子这时朝我看了一眼，如同二月里一盆凉水将我心中的小火苗浇灭。

唉，算了算了，唐僧还是用心了的，幸好不是叫猫悟饭之类的名字，难听，辈分又低。

再说了，他叫唐三藏，我叫猫三王，一个辈分的，而且他叫什么御弟，不就是我弟弟吗？

我大人不记小人过，不跟猴子这种小辈一般见识。还是八戒比较容易对付，得多帮我弟弟调教调教这胖师侄。

在路上，我探听到马上要去的大陆叫作贪心大陆，也叫贪心洲，现在所在的岛屿，处在贪心大陆的边缘。

贪心大陆，好奇怪的名字，我自然而然地联想到贪心法。

什么叫贪心法？贪心法并不是一种具体的算法，而是一种处理问题的思想。它期望通过选择局部最优解而得到整体最优解。它只能根据当前知道的信息做出选择。很多时候，贪心法能够得到问题的整体最优解，或者最优解的近似解。

贪心法有很多优点，它的算法思想非常简单，而且算法效率高，特别是现实生活中的很多问题，都会采用贪心法的思想来解决。

打个比方，我喜欢吃鱼。我妈给我准备了一堆鱼，有大有小，但是规定我每天只能吃一条。这个时候，如果我为了吃更多的鱼，我每天会从最大的开始吃，吃到肚子里的才是我的。这个就是贪心法。这样不管后面的鱼是臭了，还是被爸爸吃掉了，反正我能在规则之下吃最多的鱼。

当然，如果我的目的不同，是为了吃更贵的鱼，那么我每天会从最贵的开始吃。

严格意义上说，想要用贪心法求解某个问题，这个问题必须有下面的性质。

第一个叫贪心选择性质，意思就是问题的整体最优解，可以通过局部最优解得到。局部最优解就是当前状态下最好的选择。拿吃鱼的例子来说，为了吃到更大的鱼，当前状态下最好的选择就是选一条最大的。

第二个叫最优子结构性质，当一个问题的最优解包含着它子问题的最优解时，称这个问题具有最优子结构性质。这个性质是是否可以用贪心法解决问题的关键。打个比方，从 n 条鱼中挑出总重量最大的 m 条鱼。通过贪心法，选出一个当前最优解，即选出当前最重的一条鱼之后，问题转化成从剩下 n-1 条鱼中挑出总重量最大的 m-1 条鱼。很明显，在这个例子里，原问题的最优解 m 条鱼，包含了子问题的最优解 m-1 条鱼。所以这个例子可以用贪心法解决。

不过，要判断一个问题是否具有上面两种性质，需要经过严格的数学证明。

由于贪心法简单并且效率高，且能获得近似最优解。在现实生活中，使用贪心法能以较小的代价，获得不错的结果，也就是人们常说的性价比高，所以往往被人们采用。

这次我们来到一个港口的码头，碰到个送货的老丈，就用贪心法帮他解决了问题。猴子用了 for 的语法实现了一个算法，我要用 while 的语法再写一个。

```
# 箱子重量的数组
initList = [8, 3, 7, 5, 8, 6, 9]
limit = 30
tmp = 0
c = 0

_____

_____

while _____:
    tmp += i
    if tmp <= limit:
        c += 1
    else:
        break

    _____

print(" 最多装载 ",c," 个物品 ")
```

写完这个算法，我果然听到系统的声音："兑换点加一。"随后，耳中又传来不一样的提示："恭喜宿主开启兑换功能！只要默念兑换列表，就可以查看所有能兑换的物品。"

不要小看一只猫的好奇心，我立马默念芝麻开门的咒语，当然没有打开兑换列表。一直到我意识到正确的咒语是兑换列表之后，我才看到眼前密密麻麻的兑换物品，什么顶级功法，什么天才地宝，这上面都有，只是后面的兑换价格，相当地，吓猫！

看着上面密密麻麻的零的数量，再看看我自己可怜的六个兑换点，我觉得还是洗洗睡吧。

我无比怀念之前写过的排序代码，有个排序的话，我就能直接看到最便宜的物品要几点。

向下翻了不知道多久后，终于看到一个兑换得起的东西。五个兑换点换一个立方的存储空间，虽然和那些顶级功法、天才地宝有很大差距，但也算是很实用的装备了。有了这东西，好歹我能存点零食清水什么的，让漫漫前路有所依靠。

话说回来，如果多写写这些算法就能给我带来兑换点，倒也不错。有个几万点就能让我换到不错的物品，过上幸福的生活。

按照猴子的说法，这里的小妖们都有些本命题目，写写程序就能解决他们。如果碰到的话，我倒是可以顺手解决一下。

地球历 ___ 年 ___ 月 ___ 日　天气 ___

在海上晃悠了几天，我们一行人终于到达大陆的港口。

这段海路出乎意料的风平浪静，我使出浑身解数去吸引小妖的注意，但连条鱼都没钓到，更别说妖了。

终于又一次脚踏实地，说实话，我不太喜欢坐船，可能和我不太喜欢在水里洗澡有关系。

我也没想到在码头等待唐僧一行的居然是女儿国国王。这个女王真是个工作狂，居然希望多开会，多干活。虽然她说他和唐僧的事情已经过去了，但是凭我两世的经验，我觉得她只是用工作来麻痹自己。

来吧，让本喵来帮她实现多干活的梦想吧！

```
# 每个会议以一个数组代表，格式为 [ 结束时间, 开始时间, 会议编号 ]
meetinglist = [[6,3, 1],[4, 1,2],[7, 5, 3],[5, 2, 4],[9, 2, 5], [8, 3, 6], [11, 8, 7],
[10, 6, 8], [12, 8, 9], [14, 12, 10]]


_____
c = _____
last = _____
print (' 选择编号 ',meetinglist[0][2], ' 的会议 ')
i = 1
while i < _____:
  if _____:
    c += 1
    last = _____
    print (' 选择编号 ',meetinglist[i][2], ' 的会议 ')

  _____
print(' 最多选 ',c,' 个会 ')
```

这个算法没啥难度，系统只是象征性地给了一个兑换点，聚沙成塔，聊胜于无！

倒是事后女王请吃饭，十分对我的胃口，我假装在那里吃东西，把食物放到储物空间里。幸好有八戒给我打掩护，没人发现我的小动作。"这头猪吃得可真多，不少好东西都进了他的肚子。"我恨恨地想。

我们离开时，可能只有我看到了女王眼中的泪花。至于那几个家伙，完全不解风情，头都没回。

地球历 ___ 年 ___ 月 ___ 日　天气 ___

我们居然来到了牛魔王的山寨。更离奇的是，牛魔王居然要在山寨里铺设电话线路。提前在这还没进行工业革命的世界实现信息化吗？

牛魔王很抠门，嫌电话线太贵，希望我们给他出个方案，让电话线路最短，这里涉及一个最小生成树的问题。

我得好好想想，什么是最小生成树。

先圈出所有生成树吧！

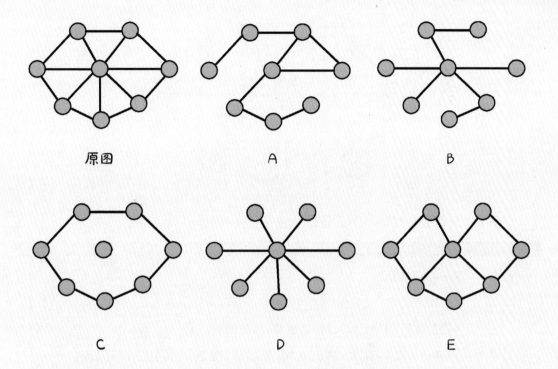

原图   A   B

C   D   E

　　取经组的组员们倒不是太笨，想到对于 n 个结点的图，最少只要 n-1 条边就可以使之连通。只要找出 n-1 条权值最小，且没有回路的边就能解决问题。

　　但是，如何保证没有回路，却把他们给难倒了。

　　话说，这个问题难得倒他们，可是难不倒英明神武的本喵。本喵只是动了动小脑袋瓜，就想到可以将所有的点分成两部分，也就是两个集合，一个集合里放已经放在树上的结点，另一个集合放还没加到树上的顶点。只要从两个集合中各选一个点进行连线，然后找出权值最小的那条，就能满足要求。

　　我四处张望，看看有啥东西能暗示下取经组。一转头，我就看到桌上牛魔王送的橘子。

　　我轻盈地一蹦，来到桌上，先将橘子分成两堆，然后一边拿一个开吃。别说，这橘子还挺好吃。

　　八戒被我吸引，顺手就拿走一个橘子。当然，那是本喵赏他的。他不是个讲究人，直接把橘子丢嘴里了。没想到他居然第一个领会本喵的意思，想到解决问题的办法。怪不得有人说吃货都是智者。

　　请按照下图数据，逐步画出最小生成树。

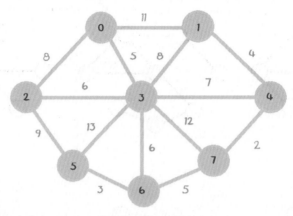

好了，且待我将代码写下，稳稳地赚些兑换点吧！

```
INF = 1000000

n = 10

# 边的数组 [ 开始结点，结束结点，边的值 ]

sidelist = [[0,1,22],[0,5,29],[0,6,36],[0,9,26], [1,2,20], [1,6,1],[2,3,15],[2,6,4],
[3,4,3],[3,6,9],[3,9,15],[4,5,17],[4,6,15],[4,7,8],[5,6,25],[5,7,24],[6,8,14],[6,9,
9],[7,8,13],[7,9,20]]

# 边数

m = len(sidelist)


# c 是一个二维数组，用来表示邻接矩阵

# 如果第 i 和 j 两个顶点间有连线，则 c[i][j] 和 c[j][i] 都等于连线的权
值（边长，距离）

c = _____

s = [False]*n

closest = [-1]*n

lowcost = [INF]*n


def prim (n,u0,c):

    # 将起始点加入生成树，表示已经被使用过了

    s[u0] = _____
```

```
# 检查从起始结点到所有目标结点的连线，循环
for i in range(n):
    # 如果目标结点不是起始点
    if i!=_____:
        # 目标点目前的最小权值就是它到起始点的距离
        _____ = _____
        # 目标点的最近连接点就是起始点
        _____= _____
        s[i] = _____
    else:
        # 如果是起始点，最小距离设为 0，因为是从自己到自己
        _____ = _____
# 对每个顶点循环
for i in _____:
    # 设定临时变量，来记录对应的边的最小权值
    temp = _____
    # 设定临时变量，来记录目标点
    t = _____
    # 对所有可能的目标点循环
    for j in range(n):
        # 如果 j 结点还未在生成树内，并且 lowcost[j] 中的权值比当前
最小权值小
        if _____:
            # 更新临时变量 t 指向的目标点位置
            _____=_____
            # 更新当前最小值
            temp = _____
```

```
# 如果 t 依然和起始点一样，则表示已经完成所有工作，退出循环
    if _____:

        _____

    # t 和起始点不一样，t 被加入生成树

        _____

    # 对所有目标点循环，用来更新 lowcost 和 closest 的信息
    for j in range(n):
        # 如果 j 还没被加入生成树，并且顶点 t 到 j 的边长小于当前 j 点
出发的最小边长
        if _____:
            # 更新 lowcost 里的最小边长和对应的结点
            _____ = _____
            _____ = _____
# 以上 prim 函数结束


# 主程序开始
u0 = 0


# 将边的信息赋给邻接矩阵
for si in sidelist:

    _____

    _____


# 调用 prim 方法计算矩阵
prim(_____)
print (lowcost)
```

搞定，这段代码可不短呀，不过系统也不小气，奖给本喵 5 个兑换点，开心！

地球历 ___ 年 ___ 月 ___ 日　天气 ___

今天，又是挺无聊的一天。我在坐骑上猫了一整天。

等到天黑的时候，他们开始休息，我就自己到周围溜达溜达，想看看有没有什么奇遇。

我在山林里闲逛，隐约听到有动物咆哮的声音，便循着声音走去。

在夜幕中，我瞪大猫眼，看到一群动物聚集在一眼小小的泉水之前，似乎正在开会。

到了这个零壹界后，我发现自己似乎掌握了此界的动物通用语言，跟谁都能搭上话。

我好奇地问旁边的一个穿山甲："穿兄，你们在干吗呢？"

穿山甲说："我们都是住在这山林中的邻居。山林里有一口灵泉，每天往外冒泉水，我们每天喝一点儿，时间长了，就开了灵智。"

"因为都是熟人，所以大家说好了轮流喝水。只是泉眼太小，每次只能一个动物喝，我们也想不出一个公平的方法，现在正在讨论呢。"

"哦，原来如此。"我捋捋胡子，然后，咚的一声，我跳到泉眼边上，开始喝水。

我的动作犹如往水里丢了块大石头，将讨论中的众动物惊醒，纷纷怒目瞪着我。

作为齐天大圣的长辈，我可不会弱了气势，当场咳嗽一声，对动物们说："各位，我是只过路的猫，有个主意，让你们能公平地喝到水。"

"我的目标是让大家等候喝水的平均时间最短，你们看，这个法子公不公平？"我接着说。

"好像还不错呦。"周围的动物们开始交头接耳。

"那我们应该怎么做？"有个黄鼠狼说话了。

"你们每人找片叶子，上面写上自己喝水需要多少时间。大家到齐后，把叶子往中间一放。依次找出需要时间最少的人轮流喝水，这样最后大家的平均等待时间就最短了。"我自信地给出了意见。

"嗯！"动物们纷纷点头，表示这个主意好。

此时系统提示我写个计算最短平均等待时间的程序，写完就能有兑换点。

```
# 输入，每个动物的喝水时间
wt = {3,5,18,15,7,8,6,10,9}

_____

_____

_____

_____

_____

_____

print(" 平均等待时间最短是 ",_____)
```

程序写完，3 个兑换点到手。事了拂衣去，深藏身与名。

回到营地，其他人还在呼呼大睡着，只有猴子比较警醒。他见是我，就没做理会。找个舒服的地方，我也加入呼噜大军，跟着睡觉。

地球历 ___ 年 ___ 月 ___ 日 天气 ___

我们来到一个叫迪科观的地方，万万没想到，这里也有一位叫迪科斯彻的先贤。唐僧在参观后院塔林的时候，被吸入异度空间，要是没有人在外面接应，或者接应的人太笨，三藏法师就得在里面待到天荒地老咯。

迪科观的问题实际是一个有向图的问题，要求从某一个点开始，找出一条路径，使这条路径经过所有结点，并且最短。

猴子的想法和本喵一样，参考之前的方法，将所有点的集合 V 分成两个集合，一个集合 S 包含所有已经确定最短路径的点，另一个集合包含还未确定的点，可以记成 V−S。

我们将从起点出发，只经过 S 中的点到达 V−S 中的点的路径称为特殊路径。并且记录当前每个顶点所对应的最短特殊路径。每次可以选取特殊路径长度最短的路径，将其连接的 V−S 中的点加入 S，同时更新最短特殊路径。一旦 S 中包含所有点，就可以得到结果。请试着找出下图最短路径。

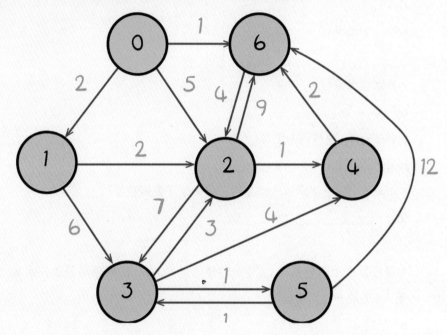

本喵的坐骑小白龙开始没搞懂，吃货八戒和沙僧又给他解释一番，后来也算是明白怎么回事了。

最后，又到了让本喵兴奋的代码环节了，待英明神武的本喵来完成这项任务。

```python
INF = 1000000
n = 6
# 连线的数组 [ 开始结点，结束结点，边的权值（长度）]
roadlist = [[0,1,2],[0,2,5],[1,2,2],[1,3,6],[2,3,7],[2,4,1],[3,2,3],[3,4,4],[3,5,1],
[5,3,1]]
m = len(roadlist)


# 开始结点编号
u0 = 0
# 邻接矩阵,存放图的信息
map = [[INF]*n for i in range(n)]
# 布尔型数组，表示某个点是否已经确定了最短路径
flag = [_____]*n


# 最短路径上的前驱点，p[i]=x 的意思是，u 到 i 的最短路径上，点 x
是点 i 的前一个，即前驱
p = [-1]*n


# 最短路径数组
dist = [_____]*n
```

```
# 定义迪科斯彻算法
def dijk (u):
  # 初始化
  for i in range(n):
    dist[i] = _____
    flag[i] = _____
    # 如果起点 u 到 i 没有直接路径
    if _____ == _____:
      # 前驱设为 -1
      p[i] = -1
    else:
      # 否则前驱就是起点
      p[i] = _____


  # 起点到自己的距离设为 0
  _____ = 0
  # 起点到自己的最短距离已经确定，意味着把起点加入 S
  flag[u] = _____


  # 对所有剩余点循环
  for i in range(n):
    temp = _____
    t = _____
```

```
# 对所有点循环
    for j in range(n):
        # 如果某个点还没有确定最短路径，并且它到起点的距离小于当
前最短路径值
        if _____ and _____:
            # 临时点设为这个点
            t=_____
            # 更新最小值
            temp = _____
    # 如果临时点还是起点，函数结束
    if t==u:
        return
    # 如果不是，把临时点加入已确定最短路径的点的集合中
    flag[t]=_____
    # 对剩下的待定点循环
    for j in range(n):
        # 如果某个待定点到起点的距离，大于通过 t 点再到起点的距离，
则更新 dist 和 p
        if _____ and _____:
            if dist[j]> _____:
                dist[j] = _____
                p[j] = t

# 以上迪科斯彻算法结束
```

```
# 开始主程序
for ra in roadlist:
    map[ra[0]][ra[1]]=ra[2]
dijk(u0)


# 打印输出结果
out = ""
for i in range(n):
    if i!=u0:
        out=" 从位址 "+str(u0)+"- 要去的位址 "+str(i)
        if dist[i] == INF:
            print (out+" 没路 ")
        else:
            print (out," 最短距离为 ", dist[i])
print(p)
```

　　不错哦，这段代码又给本喵带来五个兑换点的好处，先收着吧，暂时没啥需要兑换的东西。

第三章
分治洲

 第一节　游戏两界山　二分搜索

次日，众人辞别迪科观，继续上路。

再往前走几日，又是一座大山挡在面前。山边上立有一块石碑，石碑上书三个大字，两界山。

这次悟空没有让八戒探路，怕他又不声不响和什么山大王去吃饭，再让大家担心一场。

取经组爬到两界山山腰，突然前面腾起一阵烟雾，出现了一个毛茸茸的小矮人。取经组众人顿时戒备起来。

这小矮人见到众人这副样子，哈哈大笑，接着便自我介绍道："各位，我是这两界山的山神，我喜欢和人玩游戏，如果我玩开心了，可以给你们直接指一条近路，要是没让我开心，我就把这两界山变成一座迷宫，让你们怎么都绕不出去，哇哈哈哈哈！"

看到这自称山神的家伙笑得十分嚣张，悟空正要上前将他教训一顿。唐僧却喊住悟空，说道："此处山高路远，来的人也不多，他一个人想必挺寂寞的，咱们就陪他玩玩吧。"

八戒听说要玩游戏，也起了玩闹的心，跳出来对山神说道："你这小山神，有啥游戏，俺老猪陪你玩玩！"

我有一宝，有1000000个格子里面按顺序放了1000000个不同的数字。

我说一个数字，你们猜这个数字在哪个格子里？

山神闻言也挺开心。

此地平时人迹罕至，他又寂寞又无聊，见有人乐意陪他玩游戏，当下说道："我有一个法宝，有一万个格子……不，是一百万个格子。我在里面放了一百万个不重复的数字，这些数字从小到大排列。我说一个数字，你们来猜这个数字在哪个格子里，或者干脆不在盒子里。"

山神孤单的时间太久，想多留唐僧他们一会儿，所以报了一个他认为很大的数字。这样，他就可以玩很长时间。

听到他的要求，八戒有点傻眼，一百万个数字，可得猜到什么时候去？十秒钟猜一次，就算猜五十万次，将近两个月的时间。

八戒苦着脸看向唐僧和悟空。得了迪科斯彻智慧的唐僧，似乎胸有成竹，和悟空对视一眼，对八戒点点头，说："八戒，这也费不了多少时间，你就和山神玩玩吧！"

八戒听到师父这么说，只得说："师父，这可是一百万个数呢！咱们不吃不喝都要猜上好几个月的，您看是不是让山神给我们准备点吃的？"

山神得意地笑了："没问题，我这两界山上，什么果子没有？你们放心好了。"

悟空笑嘻嘻地对八戒传音道："你这呆子，等会儿听我的话，我保证不超过21 次就能猜中。"

八戒将信将疑，转身对山神说："你说话可得算数啊，别饿着俺老猪……还有俺师父。"至于猴子、猫什么的物种，八戒是不会替他们担心的。

山神说："嘿嘿，开始吧！"

"且慢！"八戒说道，"先给俺们来点果子尝尝！俺老猪饿了。"

山神脸色微变，面前的猪头不信他的话，让他心中不满。不满归不满，山神还是让取经组稍待，即刻烟雾涌起，消失在原地。

过了半刻钟左右，山神带着一大堆果子重新出现在取经组眼前，没好气地说："赶紧吃，吃完了陪我玩游戏！"

悟空挑了个大桃递给唐僧，接着自己也拿起一个桃子开始啃。还别说，山神给的水果还挺好吃。猫三王、沙僧和白龙马也都拿了几个果子开吃。

至于八戒，张开大嘴，好吃的果子直接往嘴里丢，也不怕吃坏肚子。

山神见八戒在那大吃一通，不满更甚，催道："快点快点！"

八戒说："你没见我已经吃得很快了吗？你可以先出题啊，我们边吃边玩。"八戒倒是很看得开，他也就给悟空当传声筒，有啥事让悟空操心去。

"好，我出题了！"山神说道，"九十九万九千九百九十九，哼！"

"第五十万个格子。"八戒接到悟空的传音后说。

"里面的数字比九十九万九千九百九十九大！"山神说。

"第二十五万个。"八戒又说。

"大了。"山神说。

"第十二万五千个。"八戒说。

"大了。"

"六万两千五。"

"小了！"

......

......

"九万九千六百二十二。"八戒说。

"你！"此时山神的脸色已经黑了，他没想到八戒在短短二十次之内，就猜到了结果。

"嘿嘿！俺老猪就是那么厉害！"八戒得意扬扬。八戒也不是真笨，他其实是懒。悟空带着他玩了几轮后，他就知道套路了。每次都能把剩下的范围缩小一半，一百万嘛，可不是二十次就解决了？

取经组的人有这方面的基础知识，觉得非常正常。可山神却感到不可思议。于是唐僧就开始给他讲述其中的原理。

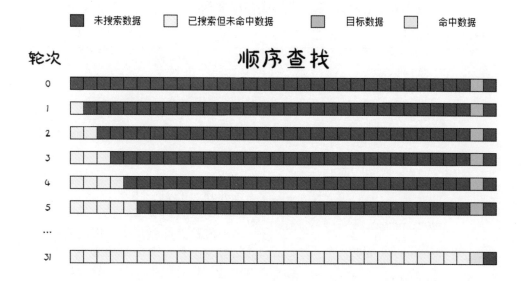

按照山神原来的想法，猜n个数，最坏的情况要猜n次才能成功，平均来说，也要n/2次。上图例子中，要查找31次才能命中数据。

但由于这些数已经排好顺序，因此不用一个一个地猜。可以使用折半查找的策略，每次和中间元素比较，如果比中间元素小，则在前半部分查找（升序排列，从小到大）；如果比中间元素大，则在后半部分查找。

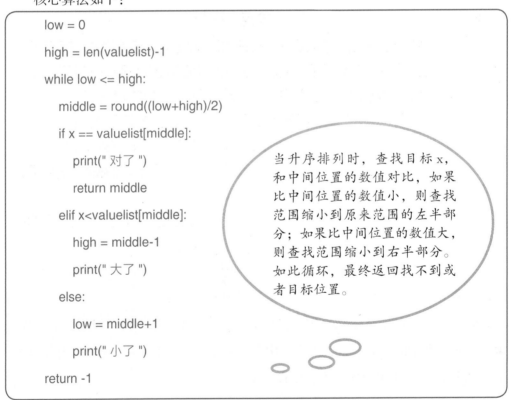

同样的例子，使用二分法，只需要查找五次就能命中数据。随着待搜索的数据量的增加，折半查找相较顺序查找的优势越来越巨大。

核心算法如下：

```python
low = 0
high = len(valuelist)-1
while low <= high:
    middle = round((low+high)/2)
    if x == valuelist[middle]:
        print(" 对了 ")
        return middle
    elif x<valuelist[middle]:
        high = middle-1
        print(" 大了 ")
    else:
        low = middle+1
        print(" 小了 ")
return -1
```

当升序排列时，查找目标 x，和中间位置的数值对比，如果比中间位置的数值小，则查找范围缩小到原来范围的左半部分；如果比中间位置的数值大，则查找范围缩小到右半部分。如此循环，最终返回找不到或者目标位置。

假设有一百万个数字，如果一个一个按顺序查找的话，平均要找 500000 次。但如果使用折半查找的话，只需要 20 次左右，效率提高了 25000 倍。在真正的生活生产中，效率提高 25% 就是一个巨大的进步，更别说提高 25000 倍了。

这个提升建立在排序的前提下，这也是排序算法为何如此重要的原因。

山神彻底傻眼，没想到有人能用这么快的方法猜出数字，顿时有点垂头丧气。

唐僧见山神情绪低落，就对悟空说："悟空，你帮山神写个猜数字的游戏，让山神平时自己也能消遣一二。"

悟空说："这个简单，看俺老孙的手段！"

就写下一道程序，随手刻到路边的一棵大树上。

白光一闪，大树上出现个屏幕，开始播放语音。

"你好，我是猜数字小助手，现在我已经想好了数字，是 1 到 1000000 之间的整数，你来猜吧！"

山神来了劲头，说："123456！"

大树回答："小了！"

"234567！"

"小了！"

看到山神并没有用二分法去猜数字，悟空有点奇怪。猫三王像看傻子一样看着山神。

唐僧啃着桃子，对取经组众人说："山神缺的不是游戏，而是陪伴。至于他怎么玩游戏，是他自己的事情，猜多少次都随他自己喜欢。"说完，将桃核丢到远方，顺手撸了下旁边的胖猫。

"幸好，我有你们！"唐僧说。

胖猫一脸嫌弃的

表情。

山神对刻在树上的游戏十分喜欢，千恩万谢地送取经组过了这两界山。

据说，此后路过两界山的旅人们，经常看到山神在对着一棵树傻乐。这是后话，就不细说了。

本节完整代码：

```python
# 引入随机方法
import random

def binarysearch (x):
    low = 0
    high = len(valuelist)-1
    while low <= high:
        middle = round((low+high)/2)
        if x == valuelist[middle]:
            print(" 对了 ")
            return middle
        elif x<valuelist[middle]:
            high = middle-1
            print(" 大了 ")
        else:
            low = middle+1
            print(" 小了 ")
    return -1

scope = 10000000
c = 1000000
# 随机生成一个数组
valuelist = [random.randint(1,scope) for _ in range(c)]
valuelist.sort()
n = input (" 请输入要查找的数字 :")
n = int (n)
# 使用二分搜索法搜索
result = binarysearch(n)
if result == -1:
    print(" 没找到要查找的数字。")
```

接上页

```
import random

n = input(" 请设定猜测范围内最大的数字 ")
n = int(n)

t = random.randint(1,n)

i = 0
s = " 哔哔，我是猜数字小助手，现在我已经想好了数字，是 1 到 "+str(n)+" 之间的整
数，你来猜吧！ "
print (s)
while 1:
    b = input(" 你猜是多少？ ")
    b = int(b)
    i +=1
    if b > t:
        print (" 大了。")
    elif b < t:
        print (" 小了。")
    else:
        print (" 你猜对了，只用了 ",i," 次，厉害！ ")
        break
```

第二节　狮驼岭助人　合并排序

离开两界山，又走了一段日子。路上看看风景，打打小怪，虽然道路不太好走，但对取经组而言，还算轻松惬意。

某日来到一座延绵起伏的山岭前。山上层林密布，云雾缭绕，隐隐约约能看到多处奇峰险石，想来山间道路十分崎岖。

取经组找了一处相对好走的小径，开始登山。爬不多久，居然看到有十几个小妖在站岗。小妖们见到取经组，上前盘问。悟空见这些小妖没有直接动手，便上前搭话。

听说来的是取经组，带头的小妖嚷嚷着要带他们去见大王。

悟空问那些小妖："这里是个什么地方，大王又是谁？"

小妖回答说："此地叫狮驼岭，大王叫青狮王。"

取经组众人心想，原来是他。当年狮驼国可是威风得紧，青狮王、白象王、金翅大鹏王俱是威名赫赫。后来发现这几位都是佛家一脉，背后站着佛祖菩萨，也算是一家人了。

小妖在前头带路，将取经组引见给青狮王。寒暄过后，取经组知道青狮王在此方空间积攒实力，以后有需要时可以为菩萨服务。

青狮王这人力大直爽，附近的妖怪们都喜欢跟着这样的首领。几年时间，就有众多妖怪来投奔，渐渐青狮王旗下号称聚起十万小妖，颇有几分当年西牛贺洲狮驼岭的气象。

　　青狮王喜欢操练阵法，在西游世界里，他们兄弟几个在狮驼国就操练十万妖兵，对抗各方势力。来到零壹界前，他又从菩萨那里得到一个新的阵法，名叫一字长蛇阵。

　　一字长蛇阵威力奇大，能将众小妖的实力结合在一起。此阵布阵方法也相对简单：所有小妖按照身高排列，从高到矮，不能搞错。搞错的话，这个一字长蛇阵就无法布成。

　　青狮王最近就在为此事烦恼。他过去吃过猴子的苦头，虽然不说，但对猴子的聪明劲还是佩服的，就想问问猴子有没有办法。

　　青狮王说道："大圣，看在我们老相识的份上，能帮我想个办法，把这十万人从高到低排好队吗？"

　　青狮王将这个要求说出来后，悟空等人陷入沉思，倒不是悟空不愿意帮这个忙，只是这个事情确实有点难办。

　　这个时候，八戒站了出来，他觉得作为八万天河水军的统领，论排队列，但是在座众人中最有经验的。他说道："横竖就是搞个冒泡算法，每个人报上自己的身高，然后互相比比呗，比完了就往该去的地方一站。这不就成了吗！"

　　八戒虽然以前经常操练队列，不过他从来没有试过让那八万人从高到低排成一列过。

　　沙僧不太赞同八戒的想法，他在排序塔里曾经碰到过排队的事情，也在八戒的帮助下，完成了任务。事后，他又进行了更加深入的思考，也想过如果人太多的时候，应该怎么办。

　　凭借我们自己在现实生活中的经验，人数少的时候，按身高排队还是挺容易的，比如在学校里升旗的时候。但人数多了，这个排队就很难了。到了青狮王这里，十万个小妖，那真是人山人海，想要排好队，相当不容易。人一多，根本没办法按八戒的方法施行。

　　沙僧经过思考，觉得可以将一个大问题分解成若干小问题，先把小问题解决了，再解决大问题。由于狮驼岭的排序问题给定了一个无序的序列，所以可以把待排序的元素分解成大小接近的两个序列。如果还是不容易解决，那么继续将子列再进行分解。直到子序列中只包含一个元素。由于单个元素本身有序，此时便开始合并，最终得到一个完整的有序序列。

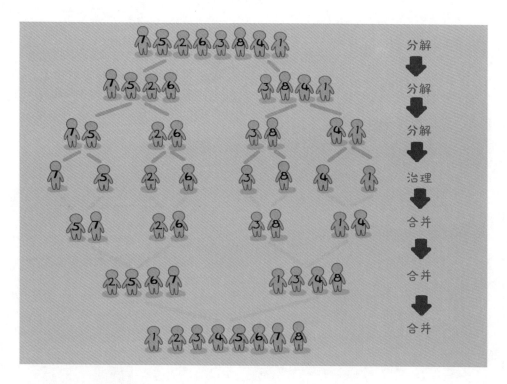

核心算法如下：

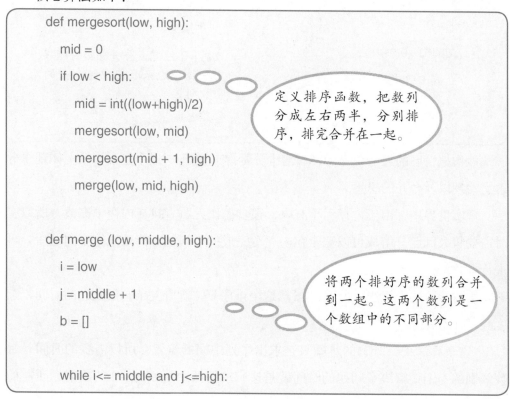

```
def mergesort(low, high):

    mid = 0

    if low < high:

        mid = int((low+high)/2)

        mergesort(low, mid)

        mergesort(mid + 1, high)

        merge(low, mid, high)


def merge (low, middle, high):

    i = low

    j = middle + 1

    b = []

    while i<= middle and j<=high:
```

定义排序函数，把数列分成左右两半，分别排序，排完合并在一起。

将两个排好序的数列合并到一起。这两个数列是一个数组中的不同部分。

155

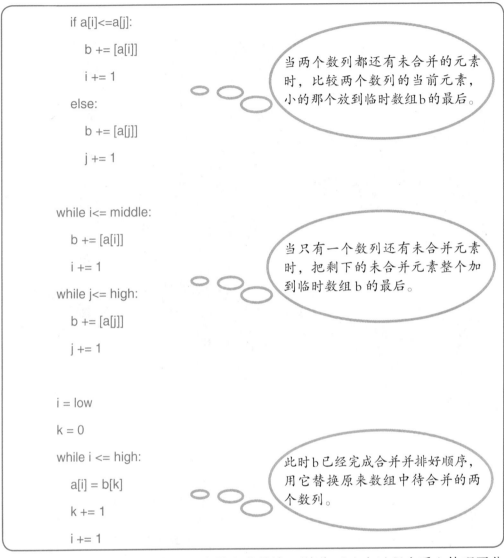

```
        if a[i]<=a[j]:
            b += [a[i]]
            i += 1
        else:
            b += [a[j]]
            j += 1


        while i<= middle:
            b += [a[i]]
            i += 1
        while j<= high:
            b += [a[j]]
            j += 1


        i = low
        k = 0
        while i <= high:
            a[i] = b[k]
            k += 1
            i += 1
```

当两个数列都还有未合并的元素时，比较两个数列的当前元素，小的那个放到临时数组 b 的最后。

当只有一个数列还有未合并元素时，把剩下的未合并元素整个加到临时数组 b 的最后。

此时 b 已经完成合并并排好顺序，用它替换原来数组中待合并的两个数列。

　　沙僧把自己的想法说完后，唐僧十分赞许，说道："这个过程本质上体现了分解、治理以及合并的思想。"

　　现实世界中，由于内存大小有限，很多操作无法直接在内存中完成，所以有时需要将大问题分解成可以完全在内存中完成的小问题，待处理完小问题后，再进行合并。

　　悟空看了这个算法，说道："虽然这个排序算法看着复杂，但是它的时间复杂度其实并不高。"

　　"这个算法中，分解的步骤只是求出序列中间的位置，所以需要的时间是常数级别的 O(1)；解决子问题的时间就是递归求解两个规模为 n/2 的子问题所需的时间，为 2T(n/2)；合并部分的算法可在 O(n) 中实现。"悟空接着说道。

"当 n>1 时，总运行时间为 T(n)=2T(n/2)+O(n)；当 n=1 时，T(n)=O(1)。这样递推可以求出 T(n)=O(nlog₂n)。至于空间复杂度，合并的时候要使用一个辅助数组，最大的一次使用额外空间 O(n)，所以空间复杂度为 O(n)。"悟空下了结论。

如此，在比较排序算法的表格中，又可以加上一条了。

排序算法	平均时间复杂度	时间复杂度（最坏情况）	空间复杂度
直接插入排序	O(n²)	O(n²)	O(1)
冒泡排序	O(n²)	O(n²)	O(1)
简单选择排序	O(n²)	O(n²)	O(1)
快速排序	O(nlog₂n)	O(n²)	O(log₂n) 到 O(n)
合并排序	O(nlog₂n)	O(nlog₂n)	O(n)

使用合并排序的方法后，青狮王让所有小妖分成无数小队，排好顺序，然后两两合并。整个过程进行得有条不紊。

很快，青狮王的一字长蛇阵就排好了，果然威风凛凛，杀气腾腾。

青狮王执意要演示一字长蛇阵的威力，同时为感谢取经组众人，让组成一字长蛇阵的小妖们在山中钻出一个大洞，形成穿山隧道。这使师徒几人原本要走几天的路，缩短到几个小时。取经组众人十分高兴，特别是白龙马和唐僧。

众人辞别青狮王，继续西行。

本节完整代码：

```python
def merge (low, middle, high):
    i = low
    j = middle + 1
    b = []
    while i<= middle and j<=high:
        if a[i]<=a[j]:
            b += [a[i]]
            i += 1
        else:
            b += [a[j]]
            j += 1
    while i<= middle:
        b += [a[i]]
        i += 1
    while j<= high:
        b += [a[j]]
        j += 1
    i = low
    k = 0
    while i <= high:
        a[i] = b[k]
        k += 1
        i += 1

def mergesort(low, high):
    mid = 0
    if low < high:
        mid = int((low+high)/2)
        mergesort(low, mid)
        mergesort(mid + 1, high)
        merge(low, mid, high)

a = [95, 42, 15, 59, 5, 26, 1, 9, 84, 17, 60, 78, 86, 76, 49, 13]
mergesort(0, len(a)−1)
print (a)
```

真传一句话

分治秘籍

顾名思义，分治法就是分而治之，将一个大问题分成若干子问题，分别解决这些子问题后，将子问题的结果合并在一起，从而解决原来的问题。

何时用这招

满足下面条件时可以用分治法：

1. 原问题可以分解成若干规模较小的相同子问题；

2. 子问题互相独立；

3. 子问题的解可以合并为原问题的解。

怎么用这招

1. 分解，将原问题分解成若干规模较小、互相独立、与原问题形式相同的子问题；

2. 治理，求解各个子问题，当规模足够小时，问题可以用简单方法解决；

3. 合并，将子问题的解合并成原问题的解。

玄之又玄

如果一个复杂的问题解决不了，可以试着将这个问题分成两半，再将这两半的结果合在一起，说不定就可以解决了呢！

猫三王日记

地球历 ___ 年 ___ 月 ___ 日　天气 ___

你挑着担，我骑着马，终于走过经常用贪心思想的贪心洲，下一块大洲是分治洲。顾名思义，分治洲上的大多数问题，可以使用分治法解决。

分治法，就是分而治之的意思。打个比方，本喵面前有个大西瓜，本喵想吃了。可惜本喵的嘴巴不够大，一次吃不下一整个西瓜。那怎么办呢？本喵就让人把西瓜切成很多小块，然后一块块地吃掉！这，就是分而治之。

遥想当年，本喵还是人的时候，坐在电视机和电脑前看过很多选秀节目，这些节目也都使用分治的思想。由于全国参加节目的人太多，电视台没办法一次全放出来，干脆全国各地搞海选，分成多个地点同时比赛，最后再把各地的优胜者合并在一起进行总决赛。这也是分治思想的体现。

那么，到底什么样的问题，才能用分治法解决呢？

1. 原问题可以分解成若干个规模较小的形式相同的子问题。

2. 各个子问题相互独立。

3. 子问题的解可以合并成原问题的解。

一般来说，分治法解决问题的思路可以分成下面几个步骤。

1. 分解：将原问题分成规模较小、互相独立和原问题形式相同的子问题。

2. 治理：即对各个子问题求解。当子问题规模足够小的时候，可以用比较简单的方法解决。

3. 合并：将子问题的解逐级合并，最终得到原问题的解。

由于各个子问题的形式相同，在解决具体问题的时候，经常使用递归的方法来快速解决。这一思想，其实在之前的快速排序中，已经有所体现。

话说回来，我们刚刚走到分隔两个大洲的两界山时，碰到一个搞笑的山神，让我们猜数字。其实就是在一个已经排好序的数列中，找到指定数字所在的位置。

因为已经排好序了，所以找到这个数字的位置是很简单的事情。

二分法，是一种最简单的分治思想，把问题一分为二，再二分为四，直到分不下去。山神所谓的一百万个不重复的数字，没超过 2 的 20 次方。

取经组那帮人似乎在山神身上找到了优越感，决定先从山神那里骗点吃的。本喵对此表示非常不屑。当然，山神的水果还算符合本喵的口味，本喵就勉为其难地尝尝吧。

果然，吃饱喝足后，八戒只用二十次就解决了山神的问题。把山神的脸都气绿了。

待本喵也来写一个二分查找的程序，混一点兑换点吧。

```
# 引入随机方法
import random
# 定义二分搜索法，输入参数 x 是待搜索的值
def binarysearch (x):
    # 搜索范围，从 low 到 high
    low = 0
    high = _____
    while _____:
        # 计算中间位置
        middle = round(_____)
        # 输入的值和中间位置进行比较
        if x == valuelist[_____]:
            print(" 对了 ")
            return middle
```

```python
        elif x<valuelist[_____]:
            high = _____
            print(" 大了 ")
        else:
            low = _____
            print(" 小了 ")


    # 如果没有找到，返回 -1
    return -1
# 以上二分搜索法结束


# 主程序开始
# 随机数出现的范围，表示数组中元素可能的最大值
scope = 10000000
c = 1000000


# 随机生成一个数组
valuelist = [random.randint(1,scope) for _ in range(c)]
valuelist.sort()


# 从键盘输入要查找的数字
n = input (" 请输入要查找的数字 :")
n = int (n)
# 使用二分搜索法搜索
result = binarysearch(n)
if result == -1:
    print(" 没找到要查找的数字。")
```

可惜，这个程序太简单，甚至连递归都没用，抠门的系统只给了一个兑换点。算了，聊胜于无。本喵不和系统斗气。

唐僧为人还不错，自己一行只陪山神玩了几分钟，又吃他那么多水果，心里有点过意不去，就让猴子给他写了个猜数字的游戏。唉，可怜的山神，我猜这个游戏他能玩一个礼拜。

唐僧这家伙，本喵刚夸过他，他手就不老实。他一边看着猴子，一边开始摸本喵。不可饶恕！

算了，前途还着落在唐僧身上，忍一时风平浪静啊。本喵还是写写这个程序吧，毕竟刚才一个兑换点真太少了。

```python
import random


n = input(" 请设定猜测范围内最大的数字 ")
n = int(n)


# 在 1 到 n 之间得到一个随机数
t = random.randint(1,n)
i = 0
s = " 哔哔，我是猜数字小助手，现在我已经想好了数字，是 1 到
"+str(n)+" 之间的整数，你来猜吧！ "
print (s)
while _____:
  # 读取输入
  b = input(" 你猜是多少？ ")
  b = int(b)
  i +=1
  if b > _____:
```

```
        print (" 大了。")
elif b < _____:
        print (" 小了。")
else:
        print (" 你猜对了，只用了 "i" 次，厉害！")
        break
```

我算看出来了，越简单的程序，系统给的兑换点越少，这次又只给一点。气死我了！

地球历 ___ 年 ___ 月 ___ 日　天气 ___

我心里其实一直不太明白，为什么狮驼岭上的妖怪不叫狮驼王，而是什么青狮王。据说当年青狮也是个很厉害的人物，今天我们就遇上这位了。

这位青狮王从他主子那儿得了个阵法，叫作一字长蛇阵，要求小妖按照身高排成一队，但是手下妖怪太多，而且没啥文化，怎么排都排不好。本喵觉得青狮王其实没抓住重点，要提高部下战斗力，让他们多学些文化知识才是正理。

言归正传，青狮王的要求以前也没人提过，就算是国庆阅兵的时候，也没见过把所有人排成一排的。由于小妖们的文化水平实在低下，还是待找个相对简单的办法。

看得出来，沙僧最近学习还是有点效果的，你没发现他头发更少了吗？他提出了合并排序的方法。方法其实很简单，把所有待排序的人，分成两半，分别排序之后，再将所有人合并。至于分成的那两半怎么排序，可以再将其分别排序，这正是递归方法擅长的。

请在下图中，按照合并排序的过程，给小人们标上编号吧！

明白原理后，按照惯例，本喵要写把程序写完，才能有兑换点拿。

```
# 定义合并方法，将两个有序数列合并成一个
def merge (low, middle, high):
    i = _____
    j = _____
    k = 0
    b = []
    # 当两个数列里都还有元素时，分别循环
    while _____ and _____:
        # 比较两个数列中的当前元素，小的那个元素放入 b, 且对应数列
的下标加 1
        if _____ <= _____:
            # 将元素 a[i] 加入数组 b 的末尾
            b += [a[i]]
```

```
            k += 1
            i += 1
        else:
            b += [a[j]]
            k += 1
            j += 1
    # 如果只有第一个数列里还有元素，那么剩下的元素全部加到 b
    while _____:
        b += [a[i]]
        i += 1
j += 1


    i = low
    k = 0
    # 将 b 里的合并结果更新到源数组
    while _____:
        a[i] = b[k]
        k += 1
        i += 1
# 以上合并方法完成


# 定义排序方法，该方法就是把数组分成两半，分别排序，排完再合并
在一起
def mergesort(low, high):
    # 中间点
    mid = 0
    if low < high:
        # 中间点位于 low 和 high 正中
```

```
        mid = _____
        # 对左边部分排序
        mergesort(_____, _____)
        # 对右边部分排序
        mergesort(_____, _____)
        # 将结果合并在一起
        merge(_____, _____, _____)
    # 以上排序方法完成


    # 如果只有第二个数列里还有元素，那么剩下的元素全部加到 b
     while _____:
        b += [a[j]]


# 主程序开始
# 定义待排序数组
a = [95, 42, 15, 59, 5, 26, 1, 9, 84, 17, 60, 78, 86, 76, 49, 13]


# 调用合并排序方法
mergesort(0, len(a)-1)
print (a)
```

这次运气不错，有三个兑换点。

合并排序很多时候被用在给特别大的集合排序中，这是非常有用的特性。

第四章
动态规划洲

第一节　黑水河行镖　最小费用

　　跨过高山，越过平原，取经组一路风餐露宿。人类只踏足了这个世界的一小部分地方，更多的蛮荒之地，则由妖怪们掌握。当然，也有不少地方是人妖杂居。

　　一日，取经组来到一条大河前，这大河滚滚流去，完全看不见对岸。对照之前船长老丈给的地图，悟空说道："咱们这是到黑水河了！"

　　听这名字，众人不由想起西游世界的黑水河。那黑水河里，曾经有一个妖怪，名叫鼍（tuó）龙精，算起来是小白龙的亲戚。后来，鼍龙精被小白龙的大哥——西海大太子摩昂抓回西海龙宫。不知道此处的黑水河，是不是也有妖怪呢？

　　沿着河岸，有一条土路，路边有块歪歪斜斜的路牌，上面画着个箭头，写着六墩镇。虽然是土路，但看得出来，经常有人修整。

　　从山林里出来的取经组，已经很长时间没见到人烟了。八戒早就在嚷嚷着想弄点好吃的，诸天各族，除了神仙之外，就数人族的食物最对八戒的胃口。

　　取经组沿着土路走向六墩镇。越靠近镇子，路上的行人越多。黑水河长几千里，边上有很多小镇，六墩镇正是其中之一。

　　一行人在路边找了块空地停下歇脚。唐僧让悟空前去化缘，讨口饭吃，顺便打探下可有借宿的地方。

　　悟空答应一声，转身正打算出发。

　　却见迎面过来一人，身高体壮，一头朱砂色乱发，长个大脸蛋子，暴圆眼睛铟亮，嘴巴又长又宽，颌下稀稀疏疏有几根硬胡子，身穿绿色团花袍子。

　　悟空眯眼一打量，心想："居然是这人。"顿时抽棒在手，戒备起来。

　　对面来人，正是西游世界的鼍龙精。没想到大家刚刚在河边念叨过他，他就出现在这方世界。

　　鼍龙精显然是冲着取经组众人而来，走近后，双手一抱拳，笑呵呵地打了个招呼说："三藏法师，好久不见，最近可好哇？"

　　鼍龙精当年想吃唐僧肉，被摩昂抓回去，悟空等人看在西海龙宫的面子上也没为难他。难道他现在是戴罪立功，被龙宫派来这界发展势力？

　　八戒没好气地叫道："小鼍龙，你来这里干吗？别挡猪爷爷的道！"

　　鼍龙精也不生气，笑嘻嘻地说："猪八戒，咱们也算老乡见老乡。我收到手下人的报告，特地在这里等候诸位，想请大家去我那里一叙。"

　　在众人怀疑的眼光中，鼍龙精接着说："就在这个镇子上，不是什么水底洞府。放心，在岸上我不是你们的对手，况且我也不是来打架的。"

　　因为之前碰到的西游妖怪都比较友善，所以大家将信将疑地跟着鼍龙精前去他的住处。

不多时，他们来到一座大院子前。

院子大门洞开，三藏等人抬头打量，门上挂着的匾额写着几个大字——黑水镖局。

鼍龙精站在门口，摆了个请的手势，对唐僧几人说："诸位，里面请。"

进了屋子，鼍龙精请众人坐下，吩咐下人们送上茶水和点心。

唐僧对鼍龙精说："不知施主请我等来此，有何要事？"

鼍龙精说道："说来话长啊！"

接着他便给众人介绍过往的经历。他在西游路上被摩昂擒获之后，关在西海龙宫。几个月后，西海龙王召见，给他一个任务，让他在一个陌生的地方发展自己的势力。鼍龙精想这总比待在龙宫里要好，于是答应了龙王。他被西海龙王带到一个奇怪的传送阵，转眼就传送到此。此前龙王告诉他，如果碰到什么难题，自会有人来帮他。

这黑水河边有几十个小镇，各个小镇由镇上的行会控制，颇有几个高手。鼍龙精初来此地，本来想当个大王，但苦于法力被限，和镇上高手打了几次，堪堪斗个平手。所以大王是当不成了。

他没别的本事，就是皮糙肉厚，特别耐打，而且水性不错。于是就在此处开了一家镖局，搜罗了一些人手，押镖为生。由于小镇之间颇有些不太平，有妖怪和强盗出没，所以镖局生意倒还不错，鼍龙精的势力也逐渐壮大。但近年来生意逐渐到达瓶颈，鼍龙精就在想办法降低运营成本。

前文说到过，湖边的每个小镇都有一个行会。这个行会控制着所有的船，小镇和小镇之间的船费，由小镇行会决定。

比方说，小镇 A 直达小镇 D 需要 120 两银子；小镇 A 直达小镇 B 需要 50 两；小镇 B 到小镇 D 需要 40 两。鼍龙精运货的时候，船费都是一项巨大的成本。为了多赚点钱，鼍龙精希望每次都能找个最便宜的路线。之前的例子里，从小镇 A 出发，经过小镇 B 再到达小镇 D，比从 A 直达 D 的价钱更便宜。但因为镇子太多，鼍龙精没办法每次都找到最便宜的路线，为此多花了不少钱。

难得遇到个亲戚，小白龙也恢复人身，跟了进来。这时小白龙开口说道："小鼍龙，这事儿不用我师父、师兄出马，你哥哥我就能帮你解决！"

小鼍龙一阵惊喜："多谢三哥！"

小白龙自上次迪科观一事后，心中也有所得，正好借这个机会展现一番。

小白龙对众人说道："前番我们在迪科观解救师父的时候，用了一个求最短路径的算法来计算从起点到任何一个点的最短路径。不知道大家还记得吗？如果继续使用求最短路径的算法，我们只要将小镇之间的运费作为边的权值，就能解决这个问题了。"

"是啊，就用那个方法好了，省得动脑筋了。"八戒说道。

小白龙可不想完全照抄以前的算法，这样显示不出水平，他继续说道："我们不妨换一个角度来思考问题，也许更加简单。因为这次的问题里有几个隐含条件，比如到远的小镇的费用肯定比到近的小镇的费用要高。"

"假设我们知道从小镇 i 到 j 的行程中，在小镇 k 停靠能够得到最优解。我们就可以将问题分成两个子问题，第一个是从小镇 i 到 k，第二个是从小镇 k 到 j。如果从小镇 i 到 j 最便宜的费用是 c，i 到 k 最便宜的费用是 a，k 到 j 最便宜的费用是 b，必然有 c=a+b。"

"因为如果子问题有更优解 a'，且 a'<a，那么 a'+b<c，这表示 c 并不是最便宜的费用，和条件矛盾。所以我们通过反证法可以证明，原问题的最优解包含子问题的最优解。"小白龙振振有词。

"因为这是一个图的问题，所以我们可以按习惯使用邻接矩阵 r，用 r[i][j] 来表示从小镇 i 直接到 j 的费用。另一个二维数组 m[i][j] 来表示小镇 i 到 j 的最小费用。"

"我们可以得到下面的推断，当 i=j 时，m[i][j]=0，即自己到自己不花钱；当 j=i+1 时，m[i][j]=r[i][j]，因为中间没有其他小镇了；当 j>i+1 时，m[i][j]=min(m[i][k]+m[k][j]，r[i][j])，j>k>i。"

当 j=i 时，就是当前小镇自己到自己，所以费用为0。

当 j=i+1 时，即当前小镇到下一个小镇，因为没有中间小镇，所以费用就是这两个小镇间的直达费用。

当 j>i+1 时，最小费用要么是两个小镇间的直达费用，要么是中间停靠某个其他小镇k的总费用，我们选更小的那个值，所以费用是min(m[i][k]+m[k][j], r[i][j]),i<k<j。

"有了上面的关系，我们可以先求两个小镇之间的最优值，再求三个小镇之间的最优值，依次类推一直到第 n 个小镇。求出最优值后，可以在计算过程中得到中间停靠的点。"小白龙一口气说完自己的想法。

核心算法如下：

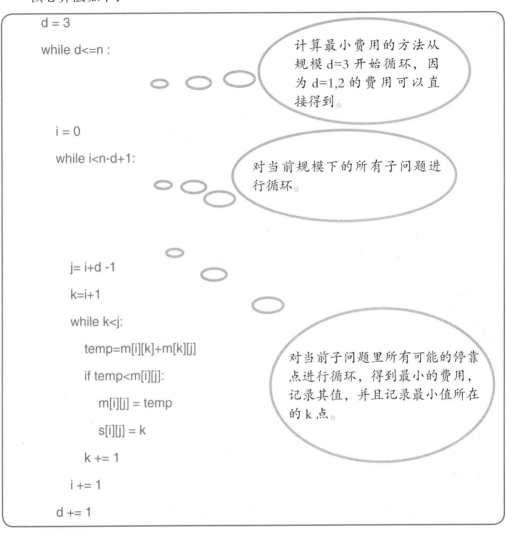

```
d = 3
while d<=n :

    i = 0
    while i<n-d+1:

        j= i+d -1
        k=i+1
        while k<j:
            temp=m[i][k]+m[k][j]
            if temp<m[i][j]:
                m[i][j] = temp
                s[i][j] = k
            k += 1
        i += 1
    d += 1
```

计算最小费用的方法从规模 d=3 开始循环，因为 d=1,2 的费用可以直接得到。

对当前规模下的所有子问题进行循环。

对当前子问题里所有可能的停靠点进行循环，得到最小的费用，记录其值，并且记录最小值所在的 k 点。

下面的方法可以用来打印中途停靠的所有小镇。

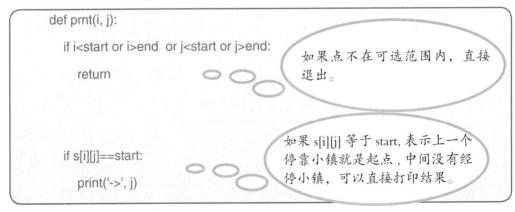

```
def prnt(i, j):
    if i<start or i>end  or j<start or j>end:
        return

    if s[i][j]==start:
        print('->', j)
```

如果点不在可选范围内，直接退出。

如果 s[i][j] 等于 start，表示上一个停靠小镇就是起点，中间没有经停小镇，可以直接打印结果。

```
else:
    prnt(i, s[i][j])
    prnt(s[i][j], j)
```

> 如果 s[i][j] 不等于 start, 表示 s[i][j] 是上一个经停小镇, 不是起点, 分成两段, 使用递归来分别打印。

小镇运费表

编号	起点小镇	终点小镇	价格
1	0	1	2
2	0	2	4
3	0	3	9
4	0	4	11
5	0	5	13
6	0	6	35
7	1	2	3
8	1	3	5
9	1	4	6
10	1	5	7
11	1	6	8
12	2	3	2
13	2	4	3
14	2	5	4
15	2	6	6
16	3	4	3
17	3	5	7
18	3	6	6
19	4	5	1
20	4	6	2
21	5	6	2

小白龙根据运费表, 给几个矩阵设置了初始值。

初始化需要用到的几个矩阵。r 直接根据输入的数据得到。

r[][]	0	1	2	3	4	5	6
0	0	2	4	9	11	13	35
1		0	3	5	6	7	8
2			0	2	3	4	6
3				0	3	7	6
4					0	1	2
5						0	2
6							0

默认 m 和 r 相同；s 作为辅助矩阵，所有值默认为 0。

m[][]	0	1	2	3	4	5	6
0	0	2	4	9	11	13	35
1		0	3	5	6	7	8
2			0	2	3	4	6
3				0	3	7	6
4					0	1	2
5						0	2
6							0

s[][]	0	1	2	3	4	5	6
0	0	0	0	0	0	0	0
1		0	0	0	0	0	0
2			0	0	0	0	0
3				0	0	0	0
4					0	0	0
5						0	0
6							0

因为相邻两个点之间的最小费用就是这两个点间的直达费用，所以不需要做计算。我们可以直接从三个点的情况开始计算。（下文涉及计算过程，阴影部分表示更新状态表的步骤，这些过程可以跳过，不影响阅读）

规模 d=3，计算的三个点分别是 i，i+1，j，此时 j=i+2。

当 i=0，j=2 时，m[0][1]+m[1][2]=5>m[0][2]=4，无须更新 m[i][j]。

当 i=1，j=3 时，m[1][2]+m[2][3]=5=m[1][3]=5，无须更新 m[i][j]。

当 i=2，j=4 时，m[2][3]+m[3][4]=5>m[2][4]=3，无须更新 m[i][j]。

当 i=3，j=5 时，m[3][4]+m[4][5]=4<m[3][5]=7，更新 m[i][j]，此时 k=4，所以 s[i][j] 更新为 4。

当 i=4，j=6 时，m[4][5]+m[5][6]=3>m[4][6]=2，不需更新 m[i][j]。

此轮计算完毕后，矩阵 m 和 s 的状态如下。

m[][]	0	1	2	3	4	5	6
0	0	2	4	9	11	13	35
1		0	3	5	6	7	8
2			0	2	3	4	6
3				0	3	4	6
4					0	1	2
5						0	2
6							0

s[][]	0	1	2	3	4	5	6
0	0	0	0	0	0	0	0
1		0	0	0	0	0	0
2			0	0	0	0	0
3				0	0	4	0
4					0	0	0
5						0	0
6							0

接着计算四个点的情况。

规模 d=4，四个点分别是 i，i+1，i+2，j，此时 j=i+3。

当 i=0，j=3 时，

当 k=1，m[0][1]+m[1][3]=7。

当 k=2，m[0][2]+m[2][3]=6。

原值 m[0][3]=9，所以将 m[0][3] 更新为最小值 6，同时 s[0][3]=2。

当 i=1，j=4 时，

k=2，m[1][2]+m[2][4]=6。

k=3，m[1][3]+m[3][4]=8。

原值 m[1][4]=6，无须更新 m[1][4]。

当 i=2，j=5 时，

k=3，m[2][3]+m[3][5]=6。

k=4，m[2][4]+m[4][5]=4。

原值 m[2][5]=4，无须更新 m[2][5]。

当 i=3，j=6 时，

k=4，m[3][4]+m[4][6]=5。

k=5，m[3][5]+m[5][6]=6。

原值 m[3][6]=6，所以将 m[3][6]=5 更新为最小值 5，此时 k=4，所以 s[3][6]=4。

此轮过后，矩阵 m 和 s 的状态如下。

m[][]	0	1	2	3	4	5	6
0	0	2	4	6	11	13	35
1		0	3	5	6	7	8
2			0	2	3	4	6
3				0	3	4	5
4					0	1	2
5						0	2
6							0

s[][]	0	1	2	3	4	5	6
0	0	0	0	2	0	0	0
1		0	0	0	0	0	0
2			0	0	0	0	0
3				0	0	4	4
4					0	0	0
5						0	0
6							0

五个点的情况也可以通过类似的方法计算。

规模 d=5，五个点分别是 i，i+1，i+2，i+3，j，此时 j=i+4。

当 i=0，j=4 时，

k=1，m[0][1]+m[1][4]=8。

k=2，m[0][2]+m[2][4]=7。

k=3，m[0][3]+m[3][4]=9。

原值 m[0][4]=11，所以将 m[0][4] 更新为最小值 7，此时 k=2，所以 s[0][4]=2。

当 i=1，j=5 时，

k=2，m[1][2]+m[2][5]=7。

k=3，m[1][3]+m[3][5]=9。

k=4，m[1][4]+m[4][5]=7。

原值 m[1][5]=7，无需更新。

当 i=2，j=6 时，

k=3，m[2][3]+m[3][6]=7；

k=4，m[2][4]+m[4][6]=5；

k=5，m[2][5]+m[5][6]=6。

原值 m[2][6]=6，所以将 m[2][6] 更新为最小值 5，此时 k=4，所以 s[2][6]=4。

此轮过后，矩阵 m 和 s 的状态如下。

m[][]	0	1	2	3	4	5	6
0	0	2	4	6	7	13	35
1		0	3	5	6	7	8
2			0	2	3	4	5
3				0	3	4	5
4					0	1	2
5						0	2
6							0

s[][]	0	1	2	3	4	5	6
0	0	0	0	2	2	0	0
1		0	0	0	0	0	0
2			0	0	0	0	4
3				0	0	4	4
4					0	0	0
5						0	0
6							0

小白龙自信满满地说："通过同样的方法，可以得到六个点和七个点的情况，从而解决我们的问题！"

六个点时矩阵 m 和 s 的状态如下。

m[][]	0	1	2	3	4	5	6
0	0	2	4	6	7	8	35
1		0	3	5	6	7	8
2			0	2	3	4	5
3				0	3	4	5
4					0	1	2
5						0	2
6							0

s[][]	0	1	2	3	4	5	6
0	0	0	0	2	2	2	0
1		0	0	0	0	0	0
2			0	0	0	0	4
3				0	0	4	4
4					0	0	0
5						0	0
6							0

七个点时矩阵 m 和 s 的状态如下。

m[][]	0	1	2	3	4	5	6
0	0	2	4	6	7	8	9
1		0	3	5	6	7	8
2			0	2	3	4	5
3				0	3	4	5
4					0	1	2
5						0	2
6							0

s[][]	0	1	2	3	4	5	6
0	0	0	0	2	2	2	2
1		0	0	0	0	0	0
2			0	0	0	0	4
3				0	0	4	4
4					0	0	0
5						0	0
6							0

"根据此时矩阵 m 的数据，我们可以知道从起点 0 到终点 6 的最小费用是 9。"小白龙说道。

"从 s[0][6]=2，可以看出在最小费用的情况下，我们经过了点 2。所以这个问题被分成了两个子问题，从点 0 到点 2 和从点 2 到点 6。s[0][2]=0 表示中间没有经停的点，从点 0 直接到点 2。s[2][6]=4 表示经停了点 4，问题又被分成两个子问题。s[2][4]=0 表示点 2 和点 4 之间直达。s[4][6]=0 表示点 4 和点 6 之间直达。最终的路径就是，0 到 2，再到 4，最后到 6！"

小白龙眼中闪烁着一种自信的光彩。众人有点愕然，想不到一直以坐骑形象出现的小白龙，学习能力也挺强啊，看来这段时间没少用功。

小白龙继续侃侃而谈："当然，大家可能会注意到，在分析的过程中，有时候原来的 m[i][j] 等于 m[i][k]+m[k][j]，这时候我们不更新 m[i][j] 和 s[i][j]。因为这对最终的最小费用没影响，只对路径有影响。而路径嘛，我们采取的是中间尽量少停的策略。如果你想在中间多停靠，则请更新 s[i][j]。"

"三哥，你是这个。"鼍龙精跷起大拇指，"虽然我没听懂，但我就是知道你厉害！"

鼍龙精不擅长分析，但取经组的人们都听得明明白白。这个算法前后被分析得清清楚楚，写代码的步骤就简单了，小白龙很快就完成这项工作。

鼍龙精又对唐僧说："多谢诸位，这可帮了我大忙了，以后每次我都能找到最便宜的路径，能省下大笔的开销啊！"

随后鼍龙精让仆人们摆出一大桌丰盛的素斋，款待取经组。八戒大快朵颐。只是猫三王不太高兴，也许它心里想说，靠着河边也不给本喵来条鱼，我可不是吃素的！

次日，鼍龙精亲自联系渡船，将取经组送到对岸的小镇，以便取经组继续向前进发。

本节完整代码：

```
INF = 1000000
def getminfee():
    d = 3
    while d<=n :
        i = 0
        while i<n-d+1:
            j= i+d -1
            k=i+1
            while k<j:
                temp=m[i][k]+m[k][j]
                if temp<m[i][j]:
                    m[i][j] = temp
                    s[i][j] = k
                k += 1
            i += 1
        d += 1
def prnt(i, j):
    if i < start or i>end  or j <start or j>end:
        return ;
    if s[i][j]==start:
        print('->', j)
    else:
        prnt(i, s[i][j])
        prnt(s[i][j], j)
n =7
start = 0 # 起点小镇编号
end = n-1 # 终点小镇编号
p = [[0,1,2],[0,2,4],[0,3,9],[0,4,11],[0,5, 13], [0,6,35], [1,2,3],[1,3,5],[1,4,6],[1,5,7],
[1,6,8],[2,3, 2 ],[2,4, 3],[2,5, 4], [2,6, 6],[3,4,3],[3,5,7],[3,6,6],[4,5,1],[4,6,2],[5,6,2]]
r = [[INF]*n for _ in range(n)] # 存放小镇间直达情况时的费用
m = [[INF]*n for _ in range(n)] # 存放小镇间最小的费用
s = [[start]*n for _ in range(n)] # 路径矩阵
for pi in p:
    m[pi[0]][pi[1]]=pi[2]
    r[pi[0]][pi[1]]=pi[2]
getminfee()
print (" 从小镇 ",start," 到 ",end,' 花费最小的费用是 ',m[start][end])
print (' 最小费用经过的小镇是：', start)
prnt(start,end)
```

第二节　仗义烧饼城 最优三角剖分

取经组继续上路，除了打杀几个没啥见识的小妖，一路走得还算顺利。

一日，取经组远远看见一座城池，找路边的行人打听，才知道这座城池叫烧饼城，是烧饼国的国都，也是烧饼国唯一的城市。

进了烧饼城，众人发现城里张灯结彩，人头攒动，热闹非常。

听周围人们的谈话，取经组才明白他们正好碰上烧饼国最重要的节日，烧饼节。

"哈哈，真有意思，一国全是烧饼，我喜欢。"八戒兴奋地说道。

在这个节日里，所有烧饼国的国民都会走上街头，参加盛大的活动。取经组进城后，处处感受到节日的气氛，不由得心情大好。今年的活动，称为切烧饼大赛，最终的优胜者，可以免费吃五年的烧饼。

正当一行人寻找可以住宿的地方时，唐僧忽然看到路边有个小孩在乞讨，和周围喜庆的氛围格格不入。

唐僧顿时起了恻隐之心，不知道这个小孩为什么会在外乞讨。他拿了一块干面饼上前，非常和善地将面饼给了小孩。小孩向唐僧道谢后，迫不及待地将饼掰开，塞到嘴里。唐僧耐心地看着小孩，还让八戒取了点水，防止小孩吃饼噎着。

一块干饼下肚，小孩不是那么饿了。唐僧开始和小孩说话。

"孩子，你叫什么名字？"唐僧和蔼地问道。

"我叫二饼。"小孩怯生生地回答。

"噢，二饼，你家里还有其他人吗？"

听到唐僧的这个问题，猫三王开始腹诽："这话怎么这么像人贩子问的呢？"

也许是其他人都没意识到这个问题，也许是眉清目秀的和尚让小孩放松了警惕，小孩很难过地回答道："我和爷爷生活在一起，但爷爷不久前去世了，家里没有其他人了。"

"那你平时怎么养活自己？"

"有时候，邻居会给一些吃的，有时候，上街来讨一些。"

小孩还挺可怜。

唐僧问徒弟们："你们可有什么办法能帮帮二饼？"

八戒嫌麻烦，说道："我们出家人身无长物，自己都是有一顿没一顿的，对这小孩能有啥办法！"

悟空道："要不就近找个寺庙道观，让二饼去打打杂什么的，好歹也有个着落。"

小孩拼命地摇头，说："我爷爷就埋在这里，我不能离开。"

沙僧插嘴道："不如我们去参加这个切烧饼比赛，如果能得到冠军，就可以让二饼免费吃五年烧饼。等五年之后，他也长大了，能够自己谋生。"

唐僧点头，这倒是个可行的办法，可以先试试看。如果拿不到冠军，再想其他办法。

说干就干，沙僧把二饼抱到白龙马背上，一行人走向切烧饼比赛的现场。

切烧饼比赛地点在城市中心的大广场上，广场后面就是烧饼国的王宫。这个比赛源于烧饼国建国前最重要的一场战斗。战斗前，当时还是大将军的国王，让人烙了一张非常巨大的烧饼，在烧饼上撒了很多好吃的肉块和果干。国王亲自将这烧饼切成很多块，分给众位将士。他对将士们说："此战是我们的最后一战，大家面前的烧饼，象征我们的国土，胜利之后，我和你们将分享这块国土。同时我也希望你们，在这一战后都能像这烧饼上的配菜，完完整整的回来！"众将士被国王感动，奋力拼杀，终于取得胜利。

切烧饼比赛的规则是，有一块凸多边形的烧饼，上面撒满了葡萄干、花生、核桃仁、桑葚干、蔓越莓干之类的干果，选手需要沿着凸多边形不相邻的两个顶点的连线，将烧饼切成小三角形。切碎干果数量最少的人获胜。

　　"这实际是一个凸多边形的最优三角剖分问题。"唐僧得了迪科斯彻大师的传承后，知识面非常丰富，一下说出了问题的本质。

　　什么叫凸多边形？凸多边形就是任意两个顶点的连线均落在多边形的内部或边上的多边形。

　　什么叫凸多边形的三角剖分？凸多边形的三角剖分是指将一个凸多边形分割成互不相交的三角形的弦的集合。一个凸多边形的三角剖分有很多种。

　　什么是最优三角剖分？给凸多边形任意两顶点间的边和弦定义一个数值，作为权值。三角形的权值之和是指三角形的三条边的权值之和。最优三角剖分，就是使划分出来的各个三角形的权值之和最小的三角剖分。

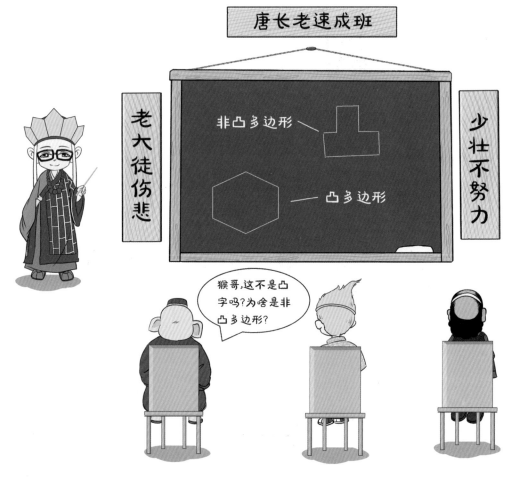

悟空若有所思地说："整个烧饼就是一个凸多边形，而任何两个顶点的连线上的果干个数代表这条连线的权值。要让切碎的干果数量最少，就得选最优三角剖分。"

八戒道："猴哥，我有个问题啊！烧饼的边上都没有干果，难道它们的权值都是零吗？这样计算不会出错吗？"

悟空想了想说："最优三角剖分应该和所有边的权值没有关系。任何一种三角剖分，在计算三角形的权值的时候，其实把凸多边形的所有边的权值都计算了一次。所有边贡献的权值对每种三角剖分而言都是相等的，那么在比较各种三角剖分的权值大小时，这部分到底是多是少，完全没有影响。"

凸多边形边长和三角剖分的关系

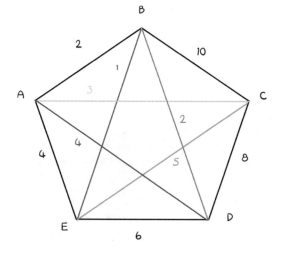

很容易看出图中的最优三角剖分是通过弦BE和BD进行剖分，得到△ABE，△BED和△BCD，其最优三角剖分值是36，即多边形边长+2×（BE+BD）。

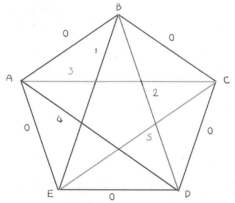

和上图相比，也很容易看出通过弦BE和弦BD可以得到最优三角剖分，还是这三个三角形，最优值是6，也是多边形的边长（边的权值）+2×(BE+BD)。

所以最优三角剖分值和边的权值有关，但是剖分方案和权值无关。基于这个结论，为方便我们后面例子中的计算，将多边形的边的权值都设为0。

沙僧提出建议："我们可以参考之前给小鼍龙的办法，假设经过某一点的弦是最优剖分，则可以将这个凸多边形分成两个小多边形，再用递归的方法一步步调用。最后得到整个凸多边形的最优三角剖分。"

大家都同意沙僧的说法。

可是这时，悟空皱了皱眉，提出了不同的意见："我觉得这样做，可能会使最终写出来的程序很复杂。"

要知道，悟空一路走来，用程序干掉的小妖数量可不少，所以有比较丰富的实战心得。

沙僧有点奇怪，不明所以，问悟空道："那是什么原因呢？一般的思路不都是把一个大问题分成若干个小问题吗？"

"如果允许在凸多边形上随意切割，步骤多了之后，剩下的凸多边形的顶点编号可能会不连续。举个例子，某个凸多边形的顶点编号是 $\{v_0,v_1,v_2,v_3,v_4,v_5,v_6,v_7,v_8\}$，对它的第二次分割是从点 v_5 到点 v_8 切了一刀，那么这一刀将凸多边形 $\{v_2,v_3,v_4,v_5,v_6,v_7,v_8\}$ 分为了 $\{v_2,v_3,v_4,v_5,v_8\}$ 和 $\{v_5,v_6,v_7,v_8\}$。我们可以看到，前一个多边形的顶点编号不再连续，这种情况，要做递归调用的话，势必会多出额外的工作。因为越到后面，这些顶点编号越不连续。"

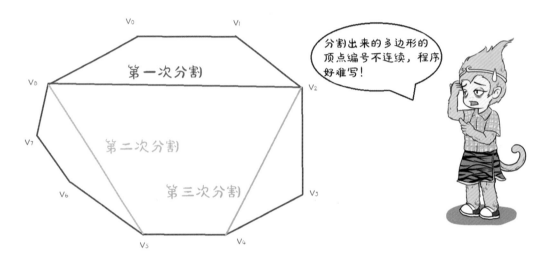

分割出来的多边形的顶点编号不连续，程序好难写！

八戒急了，说："猴哥，这不行那不行的，你说怎么办？"

悟空道："这个问题的关键是多边形的顶点编号不连续，主要原因是原多边形的第一个顶点编号和最后一个顶点编号本身就是不连续的，如果再把剩下的编号序列一分为二，就又会多一个不连续的点。"

众人陷入沉思。猫三王似乎挺无聊的，在白龙马的脑袋上比画着爪子，先弹出中指，朝猴子晃了晃，然后弹出第二个爪子，接下来又弹出第三个爪子。

"有了！"悟空无意中看见猫三王的动作，灵光乍现。

"既然一分为二不行，我们可以一分为三啊，把不连续的顶点编号都集中在一个单独的三角形里！"猴子兴奋地说。

"还是刚才的例子，对于多边形 $\{v_2,v_3,v_4,v_5,v_6,v_7,v_8\}$，可以分成多边形 $\{v_2,v_3,v_4,v_5\}$ 和 $\{v_5,v_6,v_7,v_8\}$，再加一个三角形 $\{v_2,v_5,v_8\}$。每次我们切分的时候，可以规定切出一个三角形，它的三个顶点由原多边形第一个顶点和最后一个顶点，以及有对应最优解的那个顶点组成。"

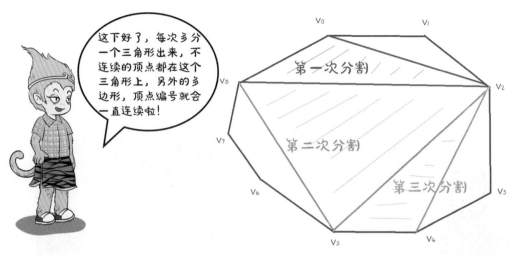

"所以，我们可以假设经过 v,k 点的三角剖分是最优的，如果用 $m[i][j]$ 来表示多边形 $\{v_{i-1},v_i,\cdots,v_j\}$ 的三角剖分最优值，那么它的两个子问题 $\{v_{i-1},v_i,\cdots,v_k\}$，$\{v_k,v_{k+1},\cdots,v_j\}$ 对应的三角部分最优值分别是 $m[i][k]$，$m[k+1][j]$，去掉这两个子问题后，只剩下三角形 $\{v_{i-1},v_k,v_j\}$，我们用函数 $w(v_{i-1},v_k,v_j)$ 表示这个三角形的边的权值。"悟空说道。

沙僧完全明白了悟空的意思，一边点头一边接着说道："当 $i=j$ 时，多边形 $\{v_{i-1},v_i,\cdots,v_j\}$ 就变成 $\{v_{i-1},v_i\}$，这是多边形的一条边，按照我们之前的分析，边的权值不影响三角划分，为简单起见，我们将之设为 0。"

沙僧继续顺着他的思路说道："当 j>i 时，m[i][j] 为所有满足条件 i ≤ k<j 的 k 中，值最小的 m[i][k]+m[k+1][j]+w(v_{i-1},v_k,v_j)。"

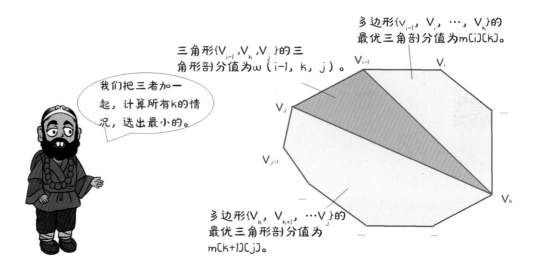

三角形(v_{i-1},v_k,v_j)的三角形剖分值为w（i-1，k，j）。

多边形{v_{i-1}，v_i，…，v_k}的最优三角剖分值为m[i][k]。

我们把三者加一起，计算所有k的情况，选出最小的。

多边形{v_k，v_{k+1}，…v_j}的最优三角形剖分值为m[k+1][j]。

"接下去先求三个顶点的凸多边形的最优三角剖分值，再求四个顶点的，直到求 n 个顶点的凸多边形的最优三角剖分值。"

在计算过程中，同时记录下最优剖分的弦，最后由这些弦构成最优解。

核心算法如下：

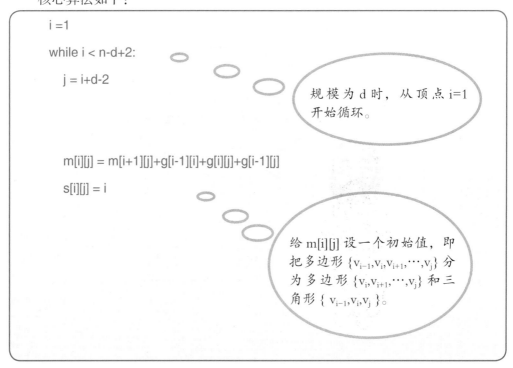

```
i = 1
while i < n-d+2:
    j = i+d-2



    m[i][j] = m[i+1][j]+g[i-1][i]+g[i][j]+g[i-1][j]
    s[i][j] = i
```

规模为 d 时，从顶点 i=1 开始循环。

给 m[i][j] 设一个初始值，即把多边形 {v_{i-1},v_i,v_{i+1},…,v_j} 分为多边形 {v_i,v_{i+1},…,v_j} 和三角形 { v_{i-1},v_i,v_j}。

```
k = i+1

while k<j:

    temp = m[i][k]+m[k+1][j]+g[i-1][k]+g[k][j]+g[i-1][j]

    if m[i][j]>temp:

        m[i][j] = temp

        s[i][j] = k

    k += 1

i += 1
```

对 i 和 j 之间所有点进行循环，以每个点作为剖分点，求得最小的三角剖分值，并记录对应的剖分点。

以 7 个顶点的多边形为例，各条边和弦的权值如下。（有兴趣的朋友可以尝试下多边形各边权值不为 0 的情况）

弦编号	顶点	顶点 2	权值	弦编号	顶点	顶点 2	权值
1	0	1	0	12	2	3	0
2	0	2	4	13	2	4	3
3	0	3	9	14	2	5	4
4	0	4	11	15	2	6	6
5	0	5	13	16	3	4	0
6	0	6	0	17	3	5	7
7	1	2	0	18	3	6	6
8	1	3	5	19	4	5	0
9	1	4	6	20	4	6	2
10	1	5	7	21	5	6	0
11	1	6	8				

初始化，将上表中各条边和弦的权值放到矩阵 g 中。

g[][]	0	1	2	3	4	5	6
0	0	0	4	9	11	13	0
1	0	0	0	5	6	7	8
2	4	0	0	0	3	4	6
3	9	5	0	0	0	7	6
4	11	6	3	0	0	0	2
5	13	7	4	7	0	0	0
6	0	8	6	6	2	0	0

根据我们对函数 w 的定义，$w(v_{i-1},v_k,v_j)=g[i-1][k]+g[k][j]+g[i-1][j]$。

因为当 i=j 时，m[i][j]=0，所以 m 被初始化成如下矩阵。

m[][]	0	1	2	3	4	5	6
0	0						
1		0					
2			0				
3				0			
4					0		
5						0	
6							0

s 用来记录最优剖分中 k 点的位置，初始都设为 0。

s[][]	0	1	2	3	4	5	6
0	0						
1		0					
2			0				
3				0			
4					0		
5						0	
6							0

第一轮，从问题规模 d=3 开始，由于只要子问题的划分覆盖到所有的顶点便可，所以此时 i 从 1 到 5。

当 i=1，j=2 时，为 $\{v_0,v_1,v_2\}$，由于 $i \leqslant k<j$，所以

k=1，$m[1][2]=m[1][1]+m[2][2]+w(v_0,v_1,v_2)=4$；

当 i=2，j=3 时，为 $\{v_1,v_2,v_3\}$，由于 $i \leqslant k<j$，所以

k=2，$m[2][3]=m[2][2]+m[3][3]+w(v_1,v_2,v_3)=5$；

当 i=3，j=4 时，为 $\{v_2,v_3,v_4\}$，由于 $i \leqslant k<j$，所以

k=3，$m[3][4]=m[3][3]+m[4][4]+w(v_2,v_3,v_4)=3$；

当 i=4，j=5 时，为 $\{v_3,v_4,v_5\}$，由于 $i \leqslant k<j$，所以

k=4，$m[4][5]=m[4][4]+m[5][5]+w(v_3,v_4,v_5)=7$；

当 i=5，j=6 时，为 {v_4,v_5,v_6}，由于 i ≤ k<j，所以

k=5，m[5][6]=m[5][5]+m[6][6]+w(v_4,v_5,v_6)=2。

此轮完成后，状态如下。

m[][]	0	1	2	3	4	5	6
0	0						
1		0	4				
2			0	5			
3				0	3		
4					0	7	
5						0	2
6							0

s[][]	0	1	2	3	4	5	6
0	0						
1		0	1				
2			0	2			
3				0	3		
4					0	4	
5						0	5
6							0

第二轮，问题规模 d=4，每次涉及四个点 {v_{i-1},v_i,v_{i+1},v_j}。

当 i=1，j=3 时，由于 i ≤ k<j，所以

k=1，m[1][1]+m[2][3]+w(v_0,v_1,v_3)=0+5+14=19；

k=2，m[1][2]+m[3][3]+w(v_0,v_2,v_3)=4+0+13=17；

故当 k=2 时，得到最小值 17，所以 m[1][3]=17，s[1][3]=2；

当 i=2，j=4 时，由于 i ≤ k<j，所以

k=2，m[2][2]+m[3][4]+w(v_1,v_2,v_4)=0+3+9=12；

k=3，m[2][3]+m[4][4]+w(v_1,v_3,v_4)=5+0+11=16；

故当 k=2 时，得到最小值 12，所以 m[2][4]=12，s[2][4]=2；

当 i=3，j=5 时，由于 i ≤ k<j，所以

k=3，m[3][3]+m[4][5]+w(v_2,v_3,v_5)=0+7+11=18；

k=4，m[3][4]+m[5][5]+ w(v_2,v_4,v_5)=3+0+7=10；

故当 k=4 时，得到最小值 10，所以 m[3][5]=10，s[3][5]=4；

当 i=4，j=6 时，由于 i ≤ k<j，所以

k=4，m[4][4]+m[5][6]+w(v_3,v_4,v_6)=0+2+8=10；

k=5，m[4][5]+m[6][6]+w(v_3,v_5,v_6)=7+0+13=20；

故当 k=4 时，得到最小值 10，所以 m[4][6]=10，s[4][6]=4。

此轮完成后，状态如下。

m[][]	0	1	2	3	4	5	6
0	0						
1		0	4	17			
2			0	5	12		
3				0	3	10	
4					0	7	10
5						0	2
6							0

s[][]	0	1	2	3	4	5	6
0	0						
1		0	1	2			
2			0	2	2		
3				0	3	4	
4					0	4	4
5						0	5
6							0

第三轮，问题规模 $d=5$，每次涉及四个点 $\{v_{i-1}, v_i, v_{i+1}, v_{i+2}, v_j\}$。

当 $i=1$，$j=4$ 时，由于 $i \leq k < j$，所以

$k=1$，$m[1][1]+m[2][4]+w(v_0, v_1, v_4)=0+12+17=29$；

$k=2$，$m[1][2]+m[3][4]+w(v_0, v_2, v_4)=4+3+18=25$；

$k=3$，$m[1][3]+m[4][4]+w(v_0, v_3, v_4)=17+0+20=37$；

故当 $k=2$ 时，得到最小值 25，所以 $m[1][4]=25$，$s[1][4]=2$；

当 $i=2$，$j=5$ 时，由于 $i \leq k < j$，所以

$k=2$，$m[2][2]+m[3][5]+w(v_1, v_2, v_5)=0+10+11=21$；

$k=3$，$m[2][3]+m[4][5]+w(v_1, v_3, v_5)=5+7+19=31$；

$k=4$，$m[2][4]+m[5][5]+w(v_1, v_4, v_5)=12+0+13=25$；

故当 $k=2$ 时，得到最小值 21，所以 $m[2][5]=21$，$s[2][5]=2$；

当 $i=3$，$j=6$ 时，由于 $i \leq k < j$，所以

$k=3$，$m[3][3]+m[4][6]+w(v_2, v_3, v_6)=0+10+12=22$；

$k=4$，$m[3][4]+m[5][6]+w(v_2, v_4, v_6)=3+2+11=16$；

$k=5$，$m[3][5]+m[6][6]+w(v_2, v_5, v_6)=10+0+10=20$；

故当 $k=3$ 时，得到最小值 16，所以 $m[3][6]=16$，$s[3][6]=4$。

此轮完成后，状态如下。

m[][]

m[][]	0	1	2	3	4	5	6
0	0						
1		0	4	17	25		
2			0	5	12	21	
3				0	3	10	16
4					0	7	10
5						0	2
6							0

s[][]

s[][]	0	1	2	3	4	5	6
0	0						
1		0	1	2	2		
2			0	2	2		
3				0	3	4	4
4					0	4	4
5						0	5
6							0

第四轮，问题规模 d=6，每次涉及六个点 $\{v_{i-1}, v_i, v_{i+1}, v_{i+2}, v_{i+3}, v_j\}$。

此轮完成后，状态如下。

m[][]	0	1	2	3	4	5	6
0	0						
1		0	4	17	25	35	
2			0	5	12	21	30
3				0	3	10	16
4					0	7	10
5						0	2
6							0

s[][]	0	1	2	3	4	5	6
0	0						
1		0	1	2	2	2	
2			0	2	2	2	2
3				0	3	4	4
4					0	4	4
5						0	5
6							0

第五轮，问题规模 d=7，每次涉及所有点。

此轮完成后，状态如下。

m[][]	0	1	2	3	4	5	6
0	0						
1		0	4	17	25	35	30
2			0	5	12	21	30
3				0	3	10	16
4					0	7	10
5						0	2
6							0

s[][]	0	1	2	3	4	5	6
0	0						
1		0	1	2	2	2	2
2			0	2	2	2	2
3				0	3	4	4
4					0	4	4
5						0	5
6							0

由于 m[i][j] 记录的是多边形 $\{v_{i-1}, v_i, \cdots, v_j\}$ 的最优剖分，所以对完整的多边形 $\{v_0, v_1, v_2, v_3, v_4, v_5, v_6\}$ 而言，最优三角剖分值是 m[1][6]。

沙僧一口气说完自己的想法，一张蓝脸激动得有些发紫。尽管悟空帮他完善了算法，但他对自己能解开这个问题，还是十分满意的。

沙僧将程序记在心里，代表取经组上台参加比赛。一个有几十条边的巨大烧饼出现在他的面前，这烧饼已经很接近圆形了。沙僧运起法眼，细细查看，得到各个点之间的干果数量，通过计算后，果断下刀，将整个烧饼分成几十块细小三角形。

裁判上前检查，发现这个汉子切开的果干比其他任何人都少，遂宣布沙僧获得冠军。

烧饼国的国王在王宫里召见比赛的冠军，取经组众人一齐到场。沙僧向国王述说了二饼的遭遇，并且要求把冠军的奖励转赠给二饼。国王听后也唏嘘不已。他表示愿意给小孩提供生活学习所需，然将取经组安排在驿站休息。

取经组在驿站稍事休整，就辞别烧饼国国王和少年，一头扎入莽莽荒原。

本节完整代码：

```python
NF = 1000000 # 无穷大
n =7 # 定义顶点个数
p = [[0,1,0],[0,2,4],[0,3,9],[0,4,11],[0,5, 13], [0,6,0], [1,2,0],[1,3,5],[1,4,6],[1,5,7],
[1,6,8],[2,3, 0],[2,4, 3],[2,5, 4], [2,6, 6],[3,4,0],[3,5,7],[3,6,6],[4,5,0],[4,6,2],[5,6,0]]

g = [[0]*n for _ in range(n)] # 定义邻接矩阵 g
m = [[INF]*n for _ in range(n)] # 记录最优三角剖分的值
s = [[0]*n for _ in range(n)] # 最优三角剖分方案中的顶点

# 初始化 g
for pi in p:
    g[pi[0]][pi[1]]=pi[2]
    g[pi[1]][pi[0]]=pi[2]
```

接上页

```
def conv():
  for i in range(n):
    m[i][i] = 0
    s[i][i] = 0
  d = 3
  while d <=n:
    i =1
    while i < n-d+2:
      j = i+d-2
      m[i][j] = m[i+1][j]+g[i-1][i]+g[i][j]+g[i-1][j]
      s[i][j] = i
      k = i+1
      while k<j:
        temp = m[i][k]+m[k+1][j]+g[i-1][k]+g[k][j]+g[i-1][j]
        if m[i][j]>temp:
          m[i][j] = temp
          s[i][j] = k
        k += 1
      i += 1
    d += 1

def prnt(i, j):
  if i == j:
    return ;
  if s[i][j]>i:
    print('{v', i-1, 'v',s[i][j],'}')
  if j>s[i][j]+1:
    print('{v',s[i][j],'v',j,'}')
  prnt(i, s[i][j])
  prnt(s[i][j]+1, j)

conv()
# 由于 m[i][j] 记录的是多边形 {v_{i-1},v_i...v_j} 的最优剖分，所以对完整的多边形
{v_0,v_1,v_2,v_3,v_4,v_5,v_6} 而言，最优三角剖分的值是 m[1][6]。
print(m[1][n-1])
prnt(1,n-1)
```

第三节　戏耍红孩儿　合并代价算法

寒风渐起，唐僧裹紧了身上的袈裟。一行人中，只有他还受到寒暑的困扰。就连猫三王，看起来都是寒暑不侵的样子。要是猫三王听到这句话，肯定会跳出来说："你懂啥，人家只是毛厚，不怕冷罢了！夏天，本喵的命都是空调给的！"

行至一处山谷，耳边只有呼啸的风声。一条羊肠小道从山谷中穿过。众人类似的路走过不少，心中不甚在意。正走到小路的中段，眼尖的悟空突然看到前方有个小小的身影蹲在路中央，挡住了取经组前进的道路。

悟空定睛一看，乐了，对唐僧说道："师父，咱们可又碰到一个熟人了。"

悟空示意众人停步，自己却笑嘻嘻上前。

那小身影也注意到取经组到来，就直起身子。

待走近，悟空笑着说："大侄子，想不到你也来到这里！见过你爹了吗？"

唐僧几人也认出挡路的人，正是那圣婴大王红孩儿。他本是牛魔王和铁扇公主的儿子，后来被观音菩萨收服，留在南海珞珈山做善财童子。

红孩儿已经恢复圣婴大王的打扮，一身桀骜之气。他口中说道："我来到此间后，就和父王在一起。当日你们通过积雷山时，父王怕我闹事，早早将我遣开。后来我听闻你们居然也在这方天地，便星夜追来，这次一定要让你们知道小爷的厉害！"

悟空笑道："大侄子，你莫非不怕观音菩萨和你爹把你吊起来打屁屁？来来来，让俺老孙看看你都涨了些啥本事。"

红孩儿不屑地看了悟空一眼，说道："你这猴子一点长进也没有，只知道打打杀杀。哼哼，我不和你打，就跟你玩个游戏，你要是赢了我，就让你们一行人过去，如果你们赢不了我，对不起，绕路去吧！"

孙悟空说道："哟呵，俺老孙玩游戏的时候，你还不知道在哪儿呢！摆下道来，看俺老孙赢得你心服口服！"

一旁的八戒上前拉住悟空的胳膊，悄声对悟空说："猴哥哇，这红孩儿有备而来，定是有所依仗，咱们可得当心，别着了道儿！"

悟空对八戒使个眼色，让他放心。

红孩儿冷笑连连，指着路边的一堆石头说："我们玩堆石头的游戏，谁的花费少，就算谁赢。"

八戒嚷嚷："要是一样呢？"

猴子是个心高气傲的，接口道："要是一样，就算他赢。俺老孙丢不起这个面子！"

红孩儿指着悟空："好，记住你的话。"

红孩儿将游戏规则跟悟空等人说了一番。有 n 堆石子放在路边，现在要将石子有序地合并成一堆，也就是不能随随便便地堆一起，每次只能将相邻的两堆石子合并在一起，合并的花费就是合并后的石子数量。红孩儿要和悟空比一比，谁的花费更少。

悟空听完这个题目后，眼珠一转，有了主意。

他对红孩儿说："乖侄儿，题目是你出的，要不让俺老孙来摆石子儿？俺可有五百多年没玩这游戏了，现在手可是有点痒痒。"

红孩儿傲然道："可以，请便！"

猴子抓起一把小石子，在路两边各放了九堆石子，从前往后，每堆石子的个数分别是 2，4，10，12，9，5，8，7，4。七轮之后，必能决出胜负！

看似是很随意的安排，取经组众人也都没看出名堂来，倒是猫三王眯着的眼睛突然瞪到最大，心想："猴子呀，你心眼可真够多的！"

悟空和红孩儿面对面站在两排石头堆的后边。沙僧和八戒分别站在他俩旁边，帮忙计数。

唐僧作为裁判，问二人道："你二人可准备好了？"得到二人的答复后，唐僧宣布："第一轮开始！"

悟空和红孩儿同时开始。两人不约而同地将第一堆和第二堆合到一起。面前每堆石子的个数变成了 6，10，12，9，5，8，7，4。两人的代价各加 6 分。

6 : 6

6 10 12 9 5 8 7 4

6 10 12 9 5 8 7 4

唐僧继续说："第二轮开始！"

红孩儿将最后两堆石子合在一起，每堆石头的个数变成 6，10，12，9，5，8，11。悟空动作稍慢，但也选择了同样的策略。两人的总代价又各加 11 分，所以总和是 17 分，暂时打成平手。

17 : 17

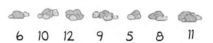

6 10 12 9 5 8 11

6 10 12 9 5 8 11

红孩儿说："猴子你好不要脸，居然偷学我的方法！"

悟空像是受不了激，说道："谁偷学你了？我只是在思考！"

"有本事你别跟我一样啊！"红孩儿喊道。

"你才别跟我一样呢！"悟空回嘴道。

唐僧在一边有点担心，怕悟空输了，说："悟空，愿赌要服输，如果比不过人家，我们绕路就是！"

"师父，没事儿！接着玩！"悟空回答。

第三轮开始，悟空抢先出手。他将第一堆和第二堆的 16 块石头合在一起，每堆石头的个数变成 16，12，9，5，8，11。悟空的总分变成 33 分。

红孩儿不紧不慢，见到悟空的选择后，松了一口气。将第五堆和第六堆的 13 块石头合在一起，变成 6，10，12，9，13，11。这一轮，红孩儿得 13 分，总分为 30 分，领先悟空！红孩儿有点得意。

唐僧示意第四轮开始，这回红孩儿把第一堆和第二堆合在一起，得 16 分。他每堆石头的个数变成 16，12，9，13，11，总分为 46 分。

悟空开始抓耳挠腮，似乎有点着急，不知道该怎么选。半晌后干脆将最后两堆合在一起，每堆石头的个数变成 16，12，9，5，19，但他的总分为 52 分，落后更多了！

红孩儿长出一口气，心想："猴子啊猴子，这回你肯定得输！"

52 : 46

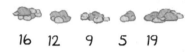

16 12 9 5 19

16 12 9 13 11

第五轮开始，悟空好像已经认命，胡乱地将最前面两堆合并，每堆石头的个数变成 28，9，5，19，总得分已经到了 80 分。

红孩儿依旧采取最稳健的策略，选择将最少的两堆石头合在一起。每堆石头的个数变成 16，21，13，11，他的总得分为 67 分，领先优势扩大到 13 分。

80 : 67

28 9 5 19

16 21 13 11

第六轮，悟空依旧先出手，将中间两堆合并，合并后的三堆石子的个数变成 28，14，19，总得分为 94 分。

红孩儿延续之前的策略，将最后两堆合并，每堆石头的个数变成 16，21，24，总得分为 91 分，依旧领先三分！

红孩儿脸上的笑容已经遮挡不住了。还有最后一轮，他三分优势在握，赢下比赛，基本已无悬念！

94 : 91

28   14   19

16   21   24

他便笑着对悟空说："猴子，你要是现在认输，大喊三声我不如圣婴大王，我便放你们过去，如何？"

红孩儿一副胜利者的姿态。

这时，只听"啪"的一声，原来是猫三王把爪子拍到自己脸上了。

红孩儿笑了："猴子，你们家的猫都看不下去了，你还不认输，更待何时？"

八戒也上来劝悟空："猴哥，咱们输了就输了，低个头认个怂就过去了，省得咱们绕路。猴哥！"

悟空梗着脖子，脸红脖子粗地说："还没到最后一刻，俺就还没输！"

红孩儿呵呵冷笑两声，对唐僧说："唐僧，你还不宣布第七轮开始？"

唐僧无奈地说道："第七轮开始！"

红孩儿当着大家的面，将前两堆合成一堆，傲然说道："这轮 37 分，总分 128 分！我看你怎么赢我！"

悟空此时已经完全换了一副表情，呵呵笑道："我的儿，看你孙爷爷的！"他已经完全无视自己和对方父亲的结义兄弟关系。

只见悟空将后两堆石头合在一起，对红孩儿说："本轮 33 分，总分 127 分！"

127 ： 128

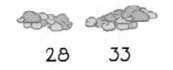

28   33   37   24

红孩儿继续保持着笑脸，说道："看看，你输了吧？还不承认。"

话音未落，红孩儿张大了嘴巴："什么？127分？你赢我一分？不可能的，明明每一轮我都选取了最优的方案，明明每一轮我都领先的，你怎么会赢？"

周围的众人也都有点丈二和尚摸不着头脑的感觉，这猴子可以啊，当着所有人的面作弊了？

悟空大笑："我的儿，我们来复盘，你看我出千没有？"

于是，将合并过程重新展示了一遍，没问题，一点问题都没有。

"红孩儿，愿赌服输，你乖乖回去找你爹吧！俺们可要上路了！代俺向你爹问好！"不理会失魂落魄呆坐在旁的红孩儿，取经组众人继续出发。

其他人等依然一头雾水，不知道悟空为什么能在最后关头绝地翻盘。

等走远到看不见红孩儿时，八戒急吼吼地问悟空："猴哥，你是怎么赢的？我怎么完全看不出来啊？"

猴子显摆道："俺老孙的手段，岂是常人可以懂的？"

"那是那是，师兄你最厉害了！"八戒拍马屁道。

马上的唐僧也有些好奇，对悟空说："悟空，你就给大家讲讲吧！"

"红孩儿整日和牛魔王在一起，定然能从我们帮牛魔王想的算法中看出些门道。他提出玩堆石子的游戏，我就想到他可能会用贪心法来做决策。"

"我猜那小子提前玩过很多次这个游戏，而且用贪心法每次都能得到最优的结果。他上来就用言语挤对我，让我们在平局的情况下认输，就是因为他知道我们也懂贪心法，所以打平的可能性非常高。

"只是俺老孙棋高一招。嘿嘿，贪心法的确是一个好方法，使用也比较简单，不过我恰好知道这个游戏不是靠贪心法就能求出最优解的。"猴子得意地解释道。

"俺老孙将计就计，也挤对他一下，让他也不能按我的方法去合并。他果然上当了。还是太年轻啊，呵呵。"

见到悟空套路玩得那么溜，八戒等人心中顿时惴惴不安。

唐僧倒不在乎悟空的套路，问道："那你到底是怎么赢的？"

悟空正色回答道："在这个游戏里，贪心法的合并步骤恰好符合动态规划法得出的步骤时，它的合并代价就恰好是最优解。这会给人一种贪心法可以得到最优解的错觉，但其实贪心法并不适用于这个游戏。根据俺老孙八百多年的经验，当数列中间数字比较大、两头数字比较小的时候，贪心法就不能得到最优解。所以我一开始就按照这个规律放石子。"

"我的方法，其实是提前将最优解算出，然后逆推中间的合并步骤。

"我和红孩儿的差距，就是我已经知道未来的答案，而红孩儿只能根据当前信息推理！"

猫三王心里大叫："作弊，妥妥的作弊！"

悟空接着说："对于 n 堆石子，要全部合并到一起，需要经过 n-1 轮合并，但是最后一轮合并的代价，就是所有石子的数量，无论用何种方法，都是相同的。所以实际上游戏进行到第 n-2 轮时就可以结束了。

"我们可以将 n 堆石子的合并问题，分解成两个子问题，合并第 0 堆到第 k 堆石子的问题和合并第 k+1 堆到第 n-1 堆石子的问题。假设在这种划分下，n 堆石子的合并问题能取到最优解，那么这两个子问题也必将取到最优解。

"根据上面的分析，我们可以定义二维数组 m，m[i][j] 表示从第 i 堆到第 j 堆的最优解。所以当 i=j 时，m[i][j]=0；当 i<j 时，m[i][j]=min(m[i][k]+m[k+1][j]+w(i,j))，$k \geq i$ 且 k<j，w(i,j) 表示从第 i 堆到第 j 堆的石子总和。"

如果所求最优解是合并代价最大的情况，将上述 min 方法变成 max 即可，书中代码同时计算了最大和最小代价的情况。

核心算法如下：

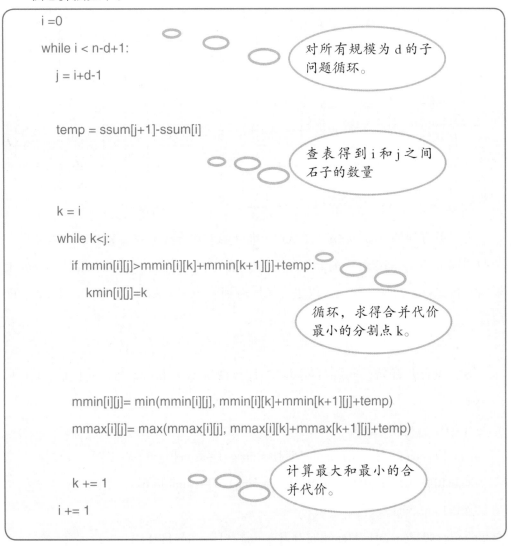

```
i =0
while i < n-d+1:
    j = i+d-1

    temp = ssum[j+1]-ssum[i]

    k = i
    while k<j:
        if mmin[i][j]>mmin[i][k]+mmin[k+1][j]+temp:
            kmin[i][j]=k

        mmin[i][j]= min(mmin[i][j], mmin[i][k]+mmin[k+1][j]+temp)
        mmax[i][j]= max(mmax[i][j], mmax[i][k]+mmax[k+1][j]+temp)

        k += 1
    i += 1
```

对所有规模为 d 的子问题循环。

查表得到 i 和 j 之间石子的数量

循环，求得合并代价最小的分割点 k。

计算最大和最小的合并代价。

根据这个例子，我们推演一下计算的过程。

先定义数组 a，存放各堆石子的数量，则 a = [2,4,10,12,9,5,8,7,4]。

mmin[i][j] 和 mmax[i][j] 记录从第 i 堆到第 j 堆石子合并的最小代价和最大代价。由于自己和自己合并没有意义，所以 mmin 和 mmax 的初始状态如下。

mmin[][]	0	1	2	3	4	5	6	7	8
0	0								
1		0							
2			0						
3				0					
4					0				
5						0			
6							0		
7								0	
8									0

mmax[][]	0	1	2	3	4	5	6	7	8
0	0								
1		0							
2			0						
3				0					
4					0				
5						0			
6							0		
7								0	
8									0

为了更方便地计算 $w(i,j)$，即从第 i 堆到第 j 堆的石子数量总和，可以使用一个数组 ssum，ssum[i] 表示前 i 堆石子的数量总和，那么 $w(i,j)=ssum[j+1]-ssum[i]$。根据初始的石子数量，我们可以很容易地得到 ssum=[0, 2, 6, 16, 28, 37, 42, 50, 57, 61]。

第一轮合并开始，问题规模 d=2，计算两堆石子 $\{a_i, a_j\}$ 的合并代价，j=i+1，i ≤ k<j。

当 i=0，j=1 时，k=0，

mmin[0][1]=mmin[0][0]+mmin[1][1]+ssum[1+1]−ssum[0]=6；

mmax[0][1]=mmax[0][0]+mmax[1][1]+ssum[1+1]−ssum[0]=6。

当 i=1，j=2 时，k=1，

mmin[1][2]=mmin[1][1]+mmin[2][2]+ssum[2+1]−ssum[1]=14；

mmax[1][2]=mmax[1][1]+mmax[2][2]+ssum[2+1]−ssum[1]=14。

当 i=2，j=3 时，k=2，

mmin[2][3]=mmin[2][2]+mmin[3][3]+ssum[3+1]−ssum[2]=22；

mmax[2][3]=mmax[2][2]+mmax[3][3]+ssum[3+1]−ssum[2]=22。

当 i=3，j=4 时，k=3，

mmin[3][4]=mmin[3][3]+mmin[4][4]+ssum[4+1]−ssum[3]=21；

mmax[3][4]=mmax[3][3]+mmax[4][4]+ssum[4+1]−ssum[3]=21。

当 i=4，j=5 时，k=4，

mmin[4][5]=mmin[4][4]+mmin[5][5]+ssum[5+1]−ssum[4]=14；

mmax[4][5]=mmax[4][4]+mmax[5][5]+ssum[5+1]−ssum[4]=14。

当 i=5，j=6 时，k=5，

mmin[5][6]=mmin[5][5]+mmin[6][6]+ssum[6+1]−ssum[5]=13；

mmax[5][6]=mmax[5][5]+mmax[6][6]+ssum[6+1]−ssum[5]=13。

当 i=6，j=7 时，k=6，

mmin[6][7]=mmin[6][6]+mmin[7][7]+ssum[7+1]−ssum[6]=15；

mmax[6][7]=mmax[6][6]+mmax[7][7]+ssum[7+1]−ssum[6]=15。

当 i=7，j=8 时，k=7，

mmin[7][8]=mmin[7][7]+mmin[8][8]+ssum[8+1]−ssum[7]=11；

mmax[7][8]=mmax[7][7]+mmax[8][8]+ssum[8+1]−ssum[7]=11。

第一轮完毕后，mmin 和 mmax 的状态如下。

mmin[][]	0	1	2	3	4	5	6	7	8
0	0	6							
1		0	14						
2			0	22					
3				0	21				
4					0	14			
5						0	13		
6							0	15	
7								0	11
8									0

mmax[][]	0	1	2	3	4	5	6	7	8
0	0	6							
1		0	14						
2			0	22					
3				0	21				
4					0	14			
5						0	13		
6							0	15	
7								0	11
8									0

第二轮合并开始，问题规模 d=3，计算三堆石子 {a_i, a_{i+1}, a_j} 的合并代价，j=i+2，i ≤ k<j。

当 i=0，j=2 时，

k=0，

mmin[0][0]+mmin[1][2]+ssum[2+1]−ssum[0]=30，

mmax[0][0]+mmax[1][2]+ssum[2+1]−ssum[0]=30；

k=1，

mmin[0][1]+mmin[2][2]+ssum[2+1]−ssum[0]=22,

mmax[0][1]+mmax[2][2]+ssum[2+1]−ssum[0]=22。

所以 mmin[0][2]=22，此时 k=1；mmax[0][2]=30，此时 k=0。

当 i=1，j=3 时，

k=1，

mmin[1][1]+mmin[2][3]+ssum[3+1]−ssum[1]=48,

mmax[1][1]+mmax[2][3]+ssum[3+1]−ssum[1]=48；

k=2，

mmin[1][2]+mmin[3][3]+ssum[3+1]−ssum[1]=40,

mmax[1][2]+mmax[3][3]+ssum[3+1]−ssum[1]=40。

所以 mmin[1][3]=40，此时 k=2；mmax[1][3]=48，此时 k=1。

当 i=2，j=4 时，

k=2，

mmin[2][2]+mmin[3][4]+ssum[4+1]−ssum[2]=52,

mmax[2][2]+mmax[3][4]+ssum[4+1]−ssum[2]=52。

k=3，

mmin[2][3]+mmin[4][4]+ssum[4+1]−ssum[2]=53,

mmax[2][3]+mmax[4][4]+ssum[4+1]−ssum[2]=53。

所以 mmin[2][4]=52，此时 k=2；mmax[2][4]=53，此时 k=3。

当 i=3，j=5 时，

k=3，

mmin[3][3]+mmin[4][5]+ssum[5+1]−ssum[3]=40,

mmax[3][3]+mmax[4][5]+ssum[5+1]−ssum[3]=40；

k=4，

mmin[3][4]+mmin[5][5]+ssum[5+1]−ssum[3]=47,

mmax[3][4]+mmax[5][5]+ssum[5+1]−ssum[3]=47。

所以 mmin[3][5]=40，此时 k=3；mmax[3][5]=47，此时 k=4。

当 i=4，j=6 时，

k=4，

mmin[4][4]+mmin[5][6]+ssum[6+1]−ssum[4]=35，

mmax[4][4]+mmax[5][6]+ssum[6+1]−ssum[4]=35；

k=5，

mmin[4][5]+mmin[6][6]+ssum[6+1]−ssum[4]=36，

mmax[4][5]+mmax[6][6]+ssum[6+1]−ssum[4]=36。

所以 mmin[4][6]=35，此时 k=4；mmax[4][6]=36，此时 k=5。

当 i=5，j=7 时，

k=5，

mmin[5][5]+mmin[6][7]+ssum[7+1]−ssum[5]=35；

mmax[5][5]+mmax[6][7]+ssum[7+1]−ssum[5]=35。

k=6，

mmin[5][6]+mmin[7][7]+ssum[7+1]−ssum[5]=33；

mmax[5][6]+mmax[7][7]+ssum[7+1]−ssum[5]=33。

所以 mmin[5][7]=33，此时 k=6；mmax[5][7]=35，此时 k=5。

当 i=6，j=8 时，

k=6，

mmin[6][6]+mmin[7][8]+ssum[8+1]−ssum[6]=30；

mmax[6][6]+mmax[7][8]+ssum[8+1]−ssum[6]=30。

k=7，

mmin[6][7]+mmin[8][8]+ssum[8+1]−ssum[6]=34；

mmax[6][7]+mmax[8][8]+ssum[8+1]−ssum[6]=34。

所以 mmin[6][8]=30，此时 k=6；mmax[6][8]=34，此时 k=7。

第二轮之后的结果如下。

mmin[][]	0	1	2	3	4	5	6	7	8
0	0	6	22						
1		0	14	40					
2			0	22	52				
3				0	21	40			
4					0	14	35		
5						0	13	33	
6							0	15	30
7								0	11
8									0

mmax[][]	0	1	2	3	4	5	6	7	8
0	0	6	30						
1		0	14	48					
2			0	22	53				
3				0	21	47			
4					0	14	36		
5						0	13	35	
6							0	15	34
7								0	11
8									0

第三轮合并开始，问题规模 d=4，计算四堆石子 $\{a_i, a_{i+1}, a_{i+2}, a_j\}$ 的合并代价，j=i+3，i ≤ k<j。

当 i=0，j=3 时，

k=0，

mmin[0][0]+mmin[1][3]+ssum[3+1]−ssum[0]=68，

mmax[0][0]+mmax[1][3]+ssum[3+1]−ssum[0]=76；

k=1，

mmin[0][1]+mmin[2][3]+ssum[3+1]−ssum[0]=56，

mmax[0][1]+mmax[2][3]+ssum[3+1]−ssum[0]=56；

k=2，

mmin[0][2]+mmin[3][3]+ssum[3+1]−ssum[0]=50，

mmax[0][2]+mmax[3][3]+ssum[3+1]−ssum[0]=58。

所以 mmin[0][3]=50，此时 k=2；mmax[0][3]=76，此时 k=0。

当 i=1，j=4 时，

k=1，

mmin[1][1]+mmin[2][4]+ssum[4+1]−ssum[1]=87，

mmax[1][1]+mmax[2][4]+ssum[4+1]−ssum[1]=88；

k=2，

mmin[1][2]+mmin[3][4]+ssum[4+1]−ssum[1]=70，

mmax[1][2]+mmax[3][4]+ssum[4+1]−ssum[1]=70；

k=3，

mmin[1][3]+mmin[4][4]+ssum[4+1]−ssum[1]=75，

mmax[1][3]+mmax[4][4]+ssum[4+1]−ssum[1]=83。

所以 mmin[1][4]=70，此时 k=2；mmax[1][4]=88，此时 k=1。

当 i=2，j=5 时，

k=2，

mmin[2][2]+mmin[3][5]+ssum[5+1]−ssum[2]=76，

mmax[2][2]+mmax[3][5]+ssum[5+1]−ssum[2]=83；

k=3，

mmin[2][3]+mmin[4][5]+ssum[5+1]−ssum[2]=72，

mmax[2][3]+mmax[4][5]+ssum[5+1]−ssum[2]=72；

k=4，

mmin[2][4]+mmin[5][5]+ssum[5+1]−ssum[2]=88，

mmax[2][4]+mmax[5][5]+ssum[5+1]−ssum[2]=89。

所以 mmin[2][5]=72，此时 k=3；mmax[2][5]=89，此时 k=4。

当 i=3，j=6 时，

k=3，

mmin[3][3]+mmin[4][6]+ssum[6+1]−ssum[3]=69，

mmax[3][3]+mmax[4][6]+ssum[6+1]−ssum[3]=70；

k=4，

mmin[3][4]+mmin[5][6]+ssum[6+1]−ssum[3]=68，

mmax[3][4]+mmax[5][6]+ssum[6+1]−ssum[3]=68；

k=5，

mmin[3][5]+mmin[6][6]+ssum[6+1]−ssum[3]=74，

mmax[3][5]+mmax[6][6]+ssum[6+1]−ssum[3]=81。

所以 mmin[3][6]=68，此时 k=4；mmax[3][6]=81，此时 k=5。

当 i=4，j=7 时，

k=4，

mmin[4][4]+mmin[5][7]+ssum[7+1]−ssum[4]=62，

mmax[4][4]+mmax[5][7]+ssum[7+1]−ssum[4]=64；

k=5，

mmin[4][5]+mmin[6][7]+ssum[7+1]−ssum[4]=58，

mmax[4][5]+mmax[6][7]+ssum[7+1]−ssum[4]=58；

k=6，

mmin[4][6]+mmin[7][7]+ssum[7+1]−ssum[4]=64，

mmax[4][6]+mmax[7][7]+ssum[7+1]−ssum[4]=65。

所以 mmin[4][7]=58，此时 k=5；mmax[4][7]=65，此时 k=6。

当 i=5，j=8 时，

k=5，

mmin[5][5]+mmin[6][8]+ssum[8+1]−ssum[5]=54，

mmax[5][5]+mmax[6][8]+ssum[8+1]−ssum[5]=58；

k=6，

mmin[5][6]+mmin[7][8]+ssum[8+1]−ssum[5]=48，

mmax[5][6]+mmax[7][8]+ssum[8+1]−ssum[5]=48；

k=7，

mmin[5][7]+mmin[8][8]+ssum[8+1]−ssum[5]=57，

mmax[5][7]+mmax[8][8]+ssum[8+1]−ssum[5]=59。

所以 mmin[5][8]=48，此时 k=6；mmax[5][8]=59，此时 k=7。

第三轮之后的结果如下。

mmin[][]	0	1	2	3	4	5	6	7	8
0	0	6	22	50					
1		0	14	40	70				
2			0	22	52	72			
3				0	21	40	68		
4					0	14	35	58	
5						0	13	33	48
6							0	15	30
7								0	11
8									0

mmax[][]	0	1	2	3	4	5	6	7	8
0	0	6	30	76					
1		0	14	48	88				
2			0	22	53	89			
3				0	21	47	81		
4					0	14	36	65	
5						0	13	35	59
6							0	15	34
7								0	11
8									0

经过类似的操作，第四轮后的结果如下。

mmin[][]	0	1	2	3	4	5	6	7	8
0	0	6	22	50	80				
1		0	14	40	70	91			
2			0	22	52	72	101		
3				0	21	40	68	95	
4					0	14	35	58	77
5						0	13	33	48
6							0	15	30
7								0	11
8									0

mmax[][]	0	1	2	3	4	5	6	7	8
0	0	6	30	76	125				
1		0	14	48	88	129			
2			0	22	53	89	133		
3				0	21	47	81	122	
4					0	14	36	65	98
5						0	13	35	59
6							0	15	34
7								0	11
8									0

第五轮后的结果如下。

mmin[][]	0	1	2	3	4	5	6	7	8
0	0	6	22	50	80	104			
1		0	14	40	70	91	123		
2			0	22	52	72	101	131	
3				0	21	40	68	95	114
4					0	14	35	58	77
5						0	13	33	48
6							0	15	30
7								0	11
8									0

mmax[][]	0	1	2	3	4	5	6	7	8
0	0	6	30	76	125	171			
1		0	14	48	88	129	181		
2			0	22	53	89	133	184	
3				0	21	47	81	122	167
4					0	14	36	65	98
5						0	13	35	59
6							0	15	34
7								0	11
8									0

第六轮后的结果如下。

mmin[][]	0	1	2	3	4	5	6	7	8
0	0	6	22	50	80	104	135		
1		0	14	40	70	91	123	153	
2			0	22	52	72	101	131	154
3				0	21	40	68	95	114
4					0	14	35	58	77
5						0	13	33	48
6							0	15	30
7								0	11
8									0

mmax[][]	0	1	2	3	4	5	6	7	8
0	0	6	30	76	125	171	231		
1		0	14	48	88	129	181	239	
2			0	22	53	89	133	184	239
3				0	21	47	81	122	167
4					0	14	36	65	98
5						0	13	35	59
6							0	15	34
7								0	11
8									0

第七轮后的结果如下。

mmin[][]	0	1	2	3	4	5	6	7	8
0	0	6	22	50	80	104	135	165	
1		0	14	40	70	91	123	153	176
2			0	22	52	72	101	131	154
3				0	21	40	68	95	114
4					0	14	35	58	77
5						0	13	33	48
6							0	15	30
7								0	11
8									0

mmax[][]	0	1	2	3	4	5	6	7	8
0	0	6	30	76	125	171	231	296	
1		0	14	48	88	129	181	239	298
2			0	22	53	89	133	184	239
3				0	21	47	81	122	167
4					0	14	35	65	98
5						0	13	35	59
6							0	15	34
7								0	11
8									0

游戏本身经过七轮就可以完成，但是为了将这两个矩阵填充完整，必须再加一轮，第八轮之后，最终这两个矩阵如下。

mmin[][]	0	1	2	3	4	5	6	7	8
0	0	6	22	50	80	104	135	165	188
1		0	14	40	70	91	123	153	176
2			0	22	52	72	101	131	154
3				0	21	40	68	95	114
4					0	14	35	58	77
5						0	13	33	48
6							0	15	30
7								0	11
8									0

mmax[][]	0	1	2	3	4	5	6	7	8
0	0	6	30	76	125	171	231	296	359
1		0	14	48	88	129	181	239	298
2			0	22	53	89	133	184	239
3				0	21	47	81	122	167
4					0	14	35	65	98
5						0	13	35	59
6							0	15	34
7								0	11
8									0

"俺老孙提前写好了程序，算好每个步骤，胜券在握，怎么玩都不会输！"悟空的尾巴翘到了天上。

"猴哥，你的这些矩阵只记录了每次合并之后的最小值和最大值，但要如何才能知道应该先合并哪两堆石子呢？"八戒问道。

"这个简单，你还记得我们在计算过程中得到最大值和最小值时，k 的取值吗？"悟空反问。

"哦，你是说我们把 k 也记录下来？"有了前面的经验，八戒也反应过来。

"没错！"悟空说，"你来看！"

以第三轮计算的最后一次计算为例，当 $i=5$，$j=8$ 时，$k=6$ 时取到最小值，$mmin[5][8]=48$，此时可以将 k 保存在矩阵 kmin 中，$kmin[5][8]=6$。

这表示，如果以 a_5 到 $a_8(a_i\sim a_j)$ 这四堆石头作为一个子问题，当它的合并代价最小时，最后一次合并由两堆石子构成，其中一堆由 a_5 和 $a_6(a_i\sim a_k)$ 组成，另一堆由 a_7 和 $a_8(a_{k+1}\sim a_j)$ 组成。

所有八轮计算完成后，kmin 的状态如下。

kmin[][]	0	1	2	3	4	5	6	7	8
0		0	1	2	2	2	3	3	3
1			1	2	2	2	3	3	3
2				2	2	3	3	3	3
3					3	3	4	4	4
4						4	4	5	5
5							5	6	6
6								6	6
7									7
8									

"根据上面 kmin 中的结果，我们来逆推合并的步骤，当然，实际上有很多不同的合并方法可以得到最小的代价。"悟空继续解释道。

"由于这个问题包含第 0 堆石子到第 8 堆石子，所以我们首先来看 $kmin[0][8]$。因为 $kmin[0][8]=3$，根据之前的分析，我们知道，最后一次合并的两堆石子，分别由原来的 a_0 到 a_3，以及 a_4 到 a_8 这两部分构成。于是，我们分别看 $kmin[0][3]$ 和 $kmin[4][8]$ 的情况。"

"$kmin[0][3]=2$，意味着这部分需要继续分为 a_0，a_1，a_2，以及 a_3。而 a_0 到 a_2 根据 $kmin[0][2]=1$ 需要继续分成 a_0，a_1 以及 a_2。"

"$kmin[4][8]=5$，意味着它要分成 a_4，a_5 以及 a_6，a_7，a_8。a_6 到 a_8 根据 $kmin[6][8]=6$ 需要继续分成 a_6 以及 a_7 和 a_8。"

悟空洋洋洒洒说了一大段，将合并的步骤表述完毕，最后他笑嘻嘻地总结道："合并代价最小的步骤其实是一棵树，我们从叶子结点开始合并，每个结点只能和它的兄弟结点合并，不同子树的叶子结点没有先后顺序，我可以先合并 a_0 和 a_1，也可以先合并 a_7 和 a_8。所以啊，俺老孙就是在逗这红孩儿玩儿呢！"

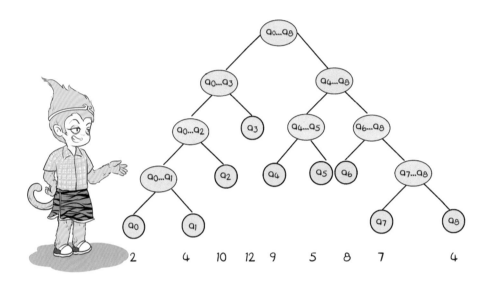

本节完整代码：

```
INF = 1000000
def straight():
    for i in range(n):
        mmin[i][i] = 0
        mmax[i][i] = 0
    ssum[0] = 0
    for i in range(n):
        ssum[i+1] = ssum[i]+a[i]
    d = 2
    while d <=n:
        i =0
        while i < n-d+1:
            j = i+d-1
            # 得到 i 和 j 之间石子的数量，查表得到，省去计算
            temp = ssum[j+1]-ssum[i]
            k = i
            while k<j:
                # 在第 k 堆对子问题进行划分，将最优解放入对应的数组，
这里就体现了递归式
                if mmin[i][j]>mmin[i][k]+mmin[k+1][j]+temp:
                    kmin[i][j]=k
                mmin[i][j]= min(mmin[i][j], mmin[i][k]+mmin[k+1][j]+temp)
                mmax[i][j]= max(mmax[i][j], mmax[i][k]+mmax[k+1][j]+temp)
                k += 1
            i += 1
        d += 1

a = [2,4,10,12,9,5,8,7,4] # 各石头堆的值
n = len(a) # 石头堆数

mmin = [[INF]*n for _ in range(n)]
mmax = [[-1]*n for _ in range(n)]
kmin = [[-1]*n for _ in range(n)]
ssum = [0]*(n+1)
straight()
print(mmin[0][n-1]) # 打印最优解（最小值）
print(mmax[0][n-1]) # 打印最优解（最大值）
```

219

第四节　兄弟同心　编辑距离计算

红孩儿的事情只是个小插曲，一个叛逆期的小孩罢了，大家也没有放在心上。

取经组众人几经辛苦，翻山越岭，终于要走出这连绵的大山。

站在山头，唐僧眺望远方，正待吟诗一首，以舒胸臆，忽然他被远处的情况吸引了。

唐僧看得并不真切，叫过正在跟八戒斗嘴的悟空，问道"悟空，你来看看，那些人在下面的平原上干什么？"

山下是一片平原，似乎正在进行一场战斗。

战斗的双方，一方穿着金色衣甲，另一方穿着银色衣甲。四处硝烟弥漫，一片混乱。

悟空看了看，对唐僧说："山下打仗呢！"

唐僧看着心下不忍，对悟空说："悟空，你且前去打探，看看这双方为何厮杀。我佛慈悲，如果我们能化解这一场战争，那可是天大的功德。"

"行！"悟空答应一声，使个隐身法，架起云头，向那战场飞去。

悟空绕场一圈，发现战斗的双方都是一些妖怪，而各自领头的妖王，居然也是熟人，金角大王和银角大王。这兄弟两人，此刻如有不共戴天之仇一般，火并在一起。但是两人的实力相当，谁也奈何不了谁。

在西游世界中，这二妖乃是太上老君座下童子，战斗经验一般，但是法宝厉害。

悟空艺高人胆大，找准一个机会，将二人擒住，隐去身形，带离战场。

由于战场太过混乱，双方小妖并没发现两位大王莫名失踪，还在混战。

悟空将二妖王定住身形，带到唐僧面前，说道："师父，居然是金角和银角二人在开战，甚是奇怪。俺老孙已将二人抓住，咱们好好问问缘由。"

这时的两个妖王，全然不复西游世界中兄友弟恭的形象，两人眼中怒火像要喷出来一样。

悟空解开定身法，让二妖可以开口说话，就听得二人互相破口大骂。听得唐僧直皱眉头。

听了半天，取经组众人才明白，这金角和银角来到这方世界后，发现了一部古书。书上记载有两个上古种族互为仇敌，这两个种族，一个头生独角，另一个头生双角。两兄弟心中开始有所怀疑。

后来因为一些琐事，二人矛盾加深。他们越来越看对方不顺眼，于是决裂。两人都认为对方不是自己的兄弟，而是死仇。最后两人打得不可开交，誓要拼个你死我活。

唐僧说："阿弥陀佛，你二人都是老君座下童子，应该是兄弟无疑，何必非要致对方于死地？"

二人异口同声地否认，说："我们才不是兄弟呢！"

悟空眼珠一转，对二人说："俺老孙有一种方法，可以来判定你二人是否是兄弟。这方法，可是俺大闹天宫之前从老君那里学来的！"反正太上老君不在这里，悟空拉虎皮作大旗没有一点心理负担。

"哦？还有此法？"二妖来了兴趣。

悟空开始一本正经地胡说八道："每个生灵，生来就带有天道的烙印，这天道烙印被人称为 DNA。如果两人的 DNA 越是接近，证明两人血缘关系越亲近。而我的火眼金睛，便能看到你们二人的 DNA，且让我来比较一番，看你二人的 DNA 到底有多接近。"

"这个办法好！"二妖又是异口同声，"给我们讲得仔细点。"

悟空一直认为这两个家伙是亲兄弟无疑，说道："我们分别用不同的字符串来代表你们二人的DNA。打个比方，第一个字符串是ABCDAB，另一个是AACCDA。"

"这两个字符串有两种对齐方式。"

记住啊，这里的"对齐"是指从一个字符串变成另一个。

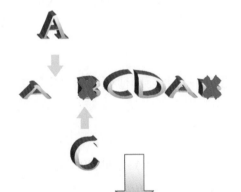

第一种对齐：
插入A；
用C替换B；
删除B。

代价为3

第二种对齐：
A替换B；
C替换D；
D替换A；
A替换B。

代价为4

"而生物学上有个概念叫编辑距离，是指将一个字符串变成另一个字符串所需要的最少编辑操作。"悟空对二妖说。

二妖听悟空说得头头是道，估计猴子不太可能在这事上骗他们，也就点头表示认同。

金角道："赶紧给我们两个看看，我们到底相差多少？"

悟空装模作样地施了个法诀，双手一招，从两人体内各拉出一条长长的道纹，大概有三十亿个字符。然后他舞动双手，道纹随即化作漫天的字符，飘散在众人周围，最后留下一个"三十万"的字样在空中。

二妖见施法结束，赶紧问悟空："大圣，这三十万是啥意思？我们的DNA有三十万个不一样？"

"差不多。"猴子神神叨叨地说。

"相差这么多，我们肯定不是兄弟。大圣，放开我！我要跟他血战到底！"二妖又异口同声道。

猴子说："慢来慢来，你二人知道你们的DNA有多长吗？一共有三十亿个左右的碱基对。相差了三十万个，换句话说，你们二人的DNA有99.99%是相同的。这足以证明你们俩是兄弟，亲兄弟！谁要是不服，就让他来找我，俺老孙齐天大圣的金字招牌，谁敢不认？"

二妖被猴子的话说服了，互相对视一下，表情都显得很尴尬。

沉默片刻，"哥哥（弟弟）！"二妖又一齐发声。

"渡尽劫波兄弟在，相逢一笑泯恩仇！"猫三王心里说道。

"没什么事你们就赶快走吧！俺们还得赶路呢！"悟空发出逐客令，顺手解开了二人身上的禁制。

"好，好，各位再见！"二妖拱手告辞，几番纵跃，返回战团，招呼各自手下，罢兵回寨。

八戒看着二妖远去的背影，对悟空说："猴哥，你现在越来越厉害了，这哄骗人的话张口就来啊！"

悟空说："DNA 是确有其事，也确实有算法来计算这编辑距离。只是我最后弄了个障眼法，骗骗那两个家伙。谁有那工夫去给他们做 DNA 鉴定啊！"

沙僧被勾起了兴趣，对悟空说："大师兄，详细说说。"

猫三王眯了眯眼，瞅瞅沙僧，心道："莫非这沙僧也是个有故事的人？"

悟空开始解释原理。编辑距离的算法不可能用穷举法，还是要从缩小问题规模着手。

要求两个字符串 $X=\{x_0,x_1,\cdots,x_m\}$ 和 $Y=\{y_0,y_1,\cdots,y_n\}$ 的编辑距离，可以求其前缀 $X_i=\{x_0,x_1,\cdots,x_i\}$ 和 $Y_j=\{y_0,y_1,\cdots,y_j\}$ 的编辑距离。当 $i=m$ 且 $j=n$ 时，就能得到完整字符串的编辑距离。

在这里我们规定 $m[i][j]$ 是 X_i 和 Y_j 的编辑距离的最优解，那么要如何求得这个最优解呢？

$m[i][j]$ 只有以下三种可能的来源。

1. 假设我们已经知道 $X_{i-1}=\{x_0,x_1,\cdots,x_{i-1}\}$ 和 $Y_j=\{y_0,y_1,\cdots,y_j\}$ 的编辑距离最优解，即 $m[i-1][j]$。由于 X_i 比 X_{i-1} 多一个字符 x_i，要将 X_i 和 Y_j 对齐，只要按照 X_{i-1} 和 Y_j 对齐的方案，再额外从 X_i 中删除最后的 x_i。此时，X_i 和 Y_j 的编辑距离是 $m[i][j]=m[i-1][j]+1$。

2. 如果已知 $X_i=\{x_0,x_1,\cdots,x_i\}$ 和 $Y_{j-1}=\{y_0,y_1,\cdots,y_{j-1}\}$ 的编辑距离最优解，即 m[i][j-1]。由于 Y_j 比 Y_{j-1} 多一个字符 y_j，只要按照 X_i 和 Y_{j-1} 对齐的方案，再额外在 X_i 后加上一个字母 y_j，这样 X_i 就能和 Y_j 实现对齐。这时它们的编辑距离是 m[i][j] =m[i][j-1]+1。

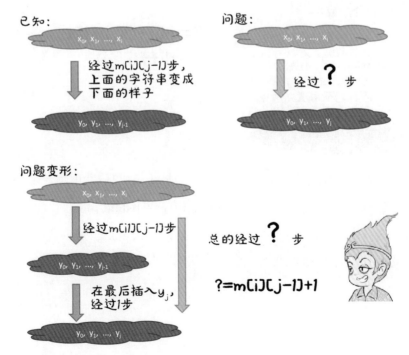

3. 如果已知 $X_{i-1}=\{x_0,x_1,\cdots,x_{i-1}\}$ 和 $Y_{j-1}=\{y_0,y_1,\cdots,y_{j-1}\}$ 的编辑距离最优解，即 $m[i-1][j-1]$。由于 X_i 比 X_{i-1} 多一个字符 x_i，Y_j 比 Y_{j-1} 多一个字符 y_j，可以按照 X_{i-1} 和 Y_{j-1} 的对齐方式，再将 X_i 中的最后一个字符 x_i 替换成 y_j，就能实现 X_i 和 Y_j 的对齐。可以定义一个函数 diff(i, j) 来计算额外的代价，当 $x_i=y_j$ 时，diff(i,j)=0；当 $x_i \neq y_j$ 时，diff(i,j)=1。此时，X_i 和 Y_j 的编辑距离是 $m[i][j]=m[i-1][j-1]+diff(i,j)$。

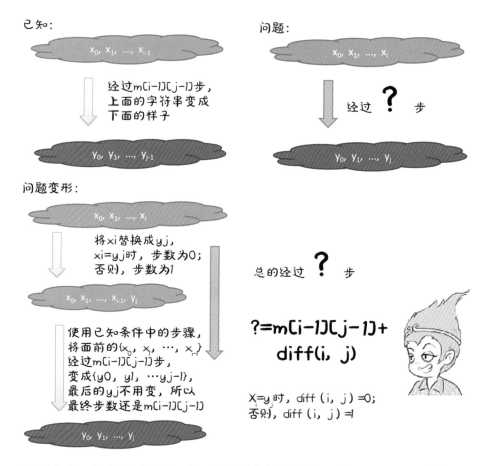

根据定义，编辑距离是上面三种情况中的最小值，所以可以得到编辑距离的递归式：$m[i][j]=\min(m[i-1][j]+1, m[i][j-1]+1, m[i-1][j-1]+diff(i,j))$。

分析到这一步，取经组的众人都明白了。接下去就是自底向上计算各个规模子问题的最优值和最优策略，最后得到完整问题的最优值。

228

核心算法如下：

```
for i in range(n1+1):
    m[i][0]=i
for j in range(n2+1):
    m[0][j]=j


i = 1
while i<=n1:
    j = 1
    while j<=n2:

        if str1[i-1] == str2[j-1]:
            diff = 0
        else:
            diff = 1
        tmp = min(m[i-1][j]+1, m[i][j-1]+1)
        m[i][j] = min(tmp, m[i-1][j-1]+diff)
        j += 1
    i +=1
```

字符串 X 和空的 Y 比较，代价就是 X 的长度 i；空字符串 X 和 Y 比较，代价就是 Y 的长度 j。

通过循环，逐渐增加对齐的子字符串长度。

通过递推公式，得到当前子字符串的编辑距离。

以两个字符串"asmfwas"和"ssmfea"为例，看一下得到最优解的过程。假设 str1="asmfwas"，str2="ssmfea"。

建立一个二维数组 m，存储这两个字符串的编辑距离信息。

m[][]	s	s	m	f	e	a
a						
s						
m						
f						
w						
a						
s						

根据之前的定义，m[i][0] 表示由字符串"asmfwas"前 i 个字符构成的子串和空字符串之间的编辑距离，显然 m[i][0]=i。

同样，m[0][j] 表示空字符串和由字符串"ssmfea"前 j 个字符构成的子串之间的编辑距离，显然 m[0][j]=j。

综上所述，我们可以将 m 进行如下初始化。

m[][]		s	s	m	f	e	a
	0	1	2	3	4	5	6
a	1						
s	2						
m	3						
f	4						
w	5						
a	6						
s	7						

第一轮，i=1。

将 str1[i-1] 和 str2[j-1] 分别进行比较，$1 \leqslant j \leqslant 6$，如果这两个字符相同，diff(i,j)=0，否则 diff(i,j)=1。

当 j=1 时，str1[i-1]="a"≠str2[j-1]="s"，所以 diff(1,1)=1；

m[i][j]=m[1][1]=min(m[0][1]+1, m[1][0]+1,m[0][0]+diff(1,1))=m[0][0]+1=1。

当 j=2 时，str1[i-1]="a"≠str2[j-1]="s"，所以 diff(1,2)=1；

m[i][j]=m[1][2]=min(m[0][2]+1, m[1][1]+1,m[0][1]+diff(1,2))=m[1][1]+1=

m[0][1]+diff(1,2)=2。

当 j=3 时，str1[i−1]="a"≠str2[j−1]="m"，所以 diff(1,3)=1；

m[i][j]=m[1][3]=min(m[0][3]+1, m[1][2]+1,m[0][2]+diff(1,3))=m[1][2]+1=m[0][2]+diff(1,3)=3。

当 j=4 时，str1[i−1]="a"≠str2[j−1]="f"，所以 diff(1,4)=1；

m[i][j]=m[1][4]=min(m[0][4]+1, m[1][3]+1,m[0][3]+diff(1,4))=m[1][3]+1=m[0][3]+diff(1,4)=4。

当 j=5 时，str1[i−1]="a"≠str2[j−1]="e"，所以 diff(1,5)=1；

m[i][j]=m[1][5]=min(m[0][5]+1, m[1][4]+1,m[0][4]+diff(1,5))=m[1][4]+1=m[0][4]+diff(1,5)=5。

当 j=6 时，str1[i−1]="a"=str2[j−1]="a"，所以 diff(1,6)=0；

m[i][j]=m[1][6]=min(m[0][6]+1, m[1][5]+1,m[0][5]+diff(1,6))= m[0][5]+diff(1,6)=5。

第一轮完成后，m 的状态如下。

m[][]		s	s	m	f	e	a
	0	1	2	3	4	5	6
a	1	1	2	3	4	5	5
s	2						
m	3						
f	4						
w	5						
a	6						
s	7						

第二轮，i=2，重复上一轮操作。

将 str1[i−1] 和 str2[j−1] 分别进行比较，1 ≤ j ≤ 6，如果这两个字符相同，diff(i,j)=0，否则 diff(i,j)=1。

当 j=1 时，str1[i−1]="s"=str2[j−1]="s"，所以 diff(2,1)=0；

m[i][j]=m[2][1]=min(m[1][1]+1, m[2][0]+1,m[1][0]+diff(2,1))= m[1][0]+diff(2,1)=1。

当 j=2 时，str1[i−1]="s"=str2[j−1]="s"，所以 diff(2,2)=0；

m[i][j]=m[2][2]=min(m[1][2]+1, m[2][1]+1,m[1][1]+diff(2,2))= m[1][1]+diff(2,2)=1。

当 j=3 时，str1[i−1]="s"≠str2[j−1]="m"，所以 diff(2,3)=1 ；

m[i][j]=m[2][3]=min(m[1][3]+1, m[2][2]+1,m[1][2]+diff(2,3))= m[2][2]+1=2。

当 j=4 时，str1[i−1]="s"≠str2[j−1]="f"，所以 diff(2,4)=1 ；

m[i][j]=m[2][4]=min(m[1][4]+1, m[2][3]+1,m[1][3]+diff(2,4))= m[2][3]+1=3。

当 j=5 时，str1[i−1]="s"≠str2[j−1]="e"，所以 diff(2,5)=1 ；

m[i][j]=m[2][5]=min(m[1][5]+1, m[2][4]+1,m[1][4]+diff(2,5))= m[2][4]+1=4。

当 j=6 时，str1[i−1]="s"≠str2[j−1]="a"，所以 diff(2,6)=1 ；

m[i][j]=m[2][6]=min(m[1][6]+1, m[2][5]+1,m[1][5]+diff(2,6))= m[2][5]+1=5。

第二轮结束后，m 的状态如下。

m[][]		s	s	m	f	e	a
	0	1	2	3	4	5	6
a	1	1	2	3	4	5	5
s	2	1	1	2	3	4	5
m	3						
f	4						
w	5						
a	6						
s	7						

继续循环，第三轮结束后，m 的状态如下。

m[][]		s	s	m	f	e	a
	0	1	2	3	4	5	6
a	1	1	2	3	4	5	5
s	2	1	1	2	3	4	5
m	3	2	2	1	2	3	4
f	4						
w	5						
a	6						
s	7						

第四轮结束后，m 的状态如下。

m[][]		s	s	m	f	e	a
	0	1	2	3	4	5	6
a	1	1	2	3	4	5	5
s	2	1	1	2	3	4	5
m	3	2	2	1	2	3	4
f	4	3	3	2	2	3	4
w	5						
a	6						
s	7						

第五轮结束后，m 的状态如下。

m[][]		s	s	m	f	e	a
	0	1	2	3	4	5	6
a	1	1	2	3	4	5	5
s	2	1	1	2	3	4	5
m	3	2	2	1	2	3	4
f	4	3	3	2	2	3	4
w	5	4	4	3	2	3	4
a	6						
s	7						

第六轮结束后，m 的状态如下。

m[][]		s	s	m	f	e	a
	0	1	2	3	4	5	6
a	1	1	2	3	4	5	5
s	2	1	1	2	3	4	5
m	3	2	2	1	2	3	4
f	4	3	3	2	2	3	4
w	5	4	4	3	2	3	4
a	6	5	5	4	3	3	3
s	7						

第七轮结束后，m 的状态如下。

m[][]	s	s	m	f	e	a
	0	1	2	3	4	5	6
a	1	1	2	3	4	5	5
s	2	1	1	2	3	4	5
m	3	2	2	1	2	3	4
f	4	3	3	2	2	3	4
w	5	4	4	3	2	3	4
a	6	5	5	4	3	3	3
s	7	6	5	5	4	4	4

根据定义，可知 m[7][6] 表示这两个字符串的编辑距离。

如果想知道对应的最优解具体如何构成，可以根据 m 的内容逆推。有兴趣的读者朋友们可以试试。

实际上真实世界中不适合用这个算法来比较 DNA 相似度，时间空间消耗都太高。很多专业的研究者发表了相关的论文，有兴趣的朋友可以自行查找。

本节完整代码：

```python
def editdis():
    for i in range(n1+1):
        m[i][0]=i
    for j in range(n2+1):
        m[0][j]=j
    i = 1
    while i<=n1:
        j = 1
        while j<=n2:
            # 比较最后两个字符是否一样，求得 diff(i,j) 的值
            if str1[i-1] == str2[j-1]:
                diff = 0
            else:
                diff = 1
            tmp = min(m[i-1][j]+1, m[i][j-1]+1)
            m[i][j] = min(tmp, m[i-1][j-1]+diff)
            j += 1
        i +=1
    return m[n1][n2]


str1=['a','s','m','f','w','a','s']
str2=['s','s','m','w','e','a']
n1 = len(str1) # 字符串长度
n2 = len(str2)
m = [[0]*(n2+1) for _ in range(n1+1)]

print(" 两个字符串的编辑距离为 ", editdis())
```

第五节　成道五庄别院　最优二叉搜索树

又一日，众人走在路上，忽见远处好一座大山。此山宝光四射，瑰丽无方。唐僧双手合十，赞叹一番。

悟空对唐僧说道："师父，前方莫非是有宝物出土，待我前去打探一番。"

唐僧自无不可，与八戒沙僧并猫三王白龙马在原地休息，等候悟空。

不多时，悟空接近那放着宝光的大山，只见：云遮峰顶，日转山腰；嵯峨仿佛接天关，崒嵂参差侵汉表，岩前花木舞春风，暗吐清香；洞口藤萝披宿雨，倒悬嫩线，飞云瀑布，银河影浸月光寒；峭壁苍松，铁脚铃摇龙尾动，山根雄峙三千界，峦势高擎几万年。

上面那段是借用的施耐庵先生的话，而词汇贫乏的猴子只能用非常漂亮四个字形容。

他正待运起火眼金睛，凝望那宝光中的物事时，耳边传来一个声音。

"贤弟，你终于来了，可让为兄好等，哈哈哈。"

悟空听那声音有点熟悉，细细一思量，原来是另一位结拜大哥镇元大仙的声音。

悟空也挺高兴，高声叫道："原来是兄长，小弟来迟，请恕罪。"

镇元子继续笑道："无妨，既然来了，那就来我这五庄别院一叙。"

悟空按下云头，见到宝光中出现五彩门户。还未走到门口，就见门户大开。他迈步而入。院子里并没有人，只有一棵参天大树，那无尽宝光正是从这棵树上冒出。

悟空心想，为何不见我那结义兄长？

正疑惑间，那大树上露出一张人脸，仔细一看，居然是镇元子的脸。

镇元子张嘴开始述说经过。

原来西游世界中镇元子的本体乃是人参果树，他的元神进入零壹界后，和本地一棵奇树融合，暂时无法化形，只有将此奇树参悟完毕后，才能化形而出。

悟空听后，觉得此界果然奇妙，便问镇元子："兄长，这棵奇树是到底是什么？"

镇元子答道："此树称为最优二叉搜索树，乃是此方天地的奇宝。为元希望你可以帮助一起参悟，一旦参悟完成，妙用无穷啊！"

悟空听完口中也是赞叹不已，说道："我师父和几位师弟就在不远处的山脚，他们对于算法也有相当造诣，不知兄长是否介意请他们一起前来参悟。"

镇元子乐意之至。虽然他还是树身，但神通还是有的。

光芒一闪，唐僧三人一马一猫出现在悟空面前。

悟空对唐僧等人说明情况，唐僧等人也赞叹不已。几人加入对最优二叉搜索树的参悟当中。

镇元子给取经组介绍最优二叉搜索树的情况。

二叉搜索树，又称为二叉查找树。顾名思义，它是一棵二叉树，每个结点最多只有两个子结点，且左子树结点小于根结点，右子树结点大于根结点。

取经组众人表示了解。在过去的旅程中，两界山中小矮人山神的猜数字题目，实际就体现了二叉搜索的思想。

小矮人山神的例子里，只需要查找一次，不管关键字是什么，最多经过二十次左右的比较，就可以从一百万个数字中找到目标的位置。那时候主要体现了二叉搜索相比于顺序搜索的优势，考虑的重点是在最坏的情况下，依然能够通过较少的比较次数得到结果。所以，那时取经组实际上构造了一棵平衡二叉搜索树来解决问题。

最优二叉搜索树是搜索成本最低的二叉搜索树，即平均比较次数最少。它并非针对单一的某次查找。一旦最优二叉搜索树被建立后，将面对成千上万次的查找。每次查找的关键字可能都不一样，有时候比较的次数多，有时候比较的次数少。所以在构建最优二叉搜索树之前，我们必须知道各个被查找的关键字的使用概率。

给定由 n 个关键字组成的有序数列 $S=\{s_1, s_2, \cdots, s_n\}$，每个关键字的结点称为实结点。每个关键字被查询的概率是 p_i。

因为并非每个输入都能在数列 S 中找到结果，所以搜索不到的结点称为虚结点，记作 E={e_0,e_1,…,e_n}。注意 e_0 代表比 s_1 小的虚结点，e_n 代表比 s_n 大的虚结点。虚结点比实结点多一个，且虚结点的搜索概率分别是 q_i。

打个比方，数列 S={5,8,13,20,25,37} 中，如果搜索的目标是 13，则落在实结点上；如果搜索的目标是 2，则落在小于 5 的虚结点 e_0 上。下图是这个例子中虚结点和实结点的分布情况。

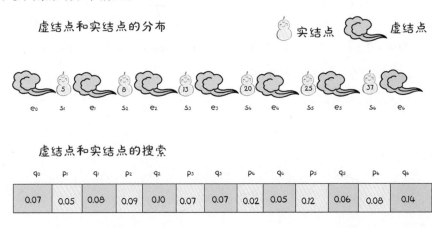

镇元子接着给出几种不同的二叉搜索树，用来说明不同策略下的情况。

假设实结点的搜索概率分别为 [0.05, 0.09, 0.07, 0.02, 0.12, 0.08]，虚结点的搜索概率分别为 [0.07, 0.08, 0.10, 0.07, 0.05, 0.06, 0.14]。

第一种情况是如下图形式的二叉树。

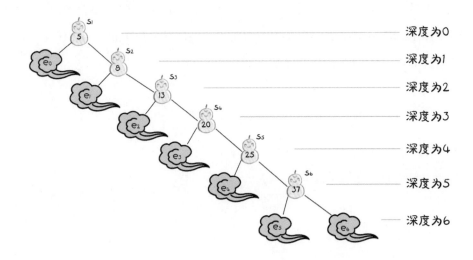

对于实结点而言，比较次数是其深度加一。比如搜索 5，只要比较一次；搜索 13，则先和 5 比较，比 5 大，再和右子结点 8 比，比 8 大，继续和右子结点比较，刚好搜到 13，所以一共比较三次。

对虚结点而言，比较次数就是其深度。比如搜索 2，只和 5 比较一次，比 5 小，所以落在 e_0；搜索 9，它比 5 大，就再和 8 比，比 8 大，再和 13 比，比 13 小，证明其落在 e_2。

搜索树的总成本可以用公式 $\sum_{i=1}^{n}(\text{depth}(s_i)+1)\times p_i+\sum_{i=0}^{n}\text{depth}(e_i)\times p_i$ 计算。

我们计算出在这样的二叉树结构下，总的成本是（$0.05\times1+0.07\times1$）+（$0.09\times2+0.08\times2$）+（$0.07\times3+0.10\times3$）+（$0.02\times4+0.07\times4$）+（$0.12\times5+0.05\times5$）+（$0.08\times6+0.06\times6$）+$0.14\times6=3.86$。

第二种情况如下图所示。

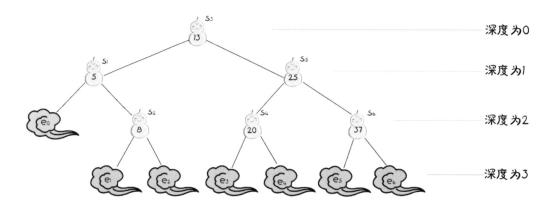

相同的分析方法，我们可以计算得出总的成本是 0.07×1+（$0.05\times2+0.12\times2+0.07\times2$）+（$0.09\times3+0.02\times3+0.08\times3+0.08\times3+0.10\times3+0.07\times3+0.05\times3+0.06\times3+0.14\times3$）=2.62。

第三种情况如下图所示。

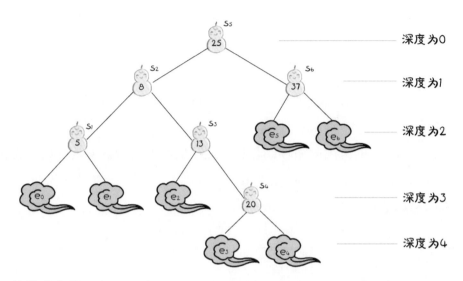

其总成本是 $0.12 \times 1 +$（$0.09 \times 2 + 0.08 \times 2 + 0.06 \times 2 + 0.14 \times 2$）$+$（$0.05 \times 3 + 0.07 \times 3 + 0.07 \times 3 + 0.08 \times 3 + 0.10 \times 3$）$+$（$0.02 \times 4 + 0.07 \times 4 + 0.05 \times 4$）$= 2.53$。

目前为止，第三种形式的二叉搜索树成本最低，那是否还有更优的解呢？

镇元子叹了口气，说道："如果想用穷举法验证，其复杂度高达 $O(4^n/n^{3/2})$，根本不是我现在的能力可以做到的事情。"

悟空眼中精光闪过，既然是二叉树，我们为什么不考虑把一个棵树分成左右两部分呢？那样的话，我们只要证明，如果二叉搜索树 Tree(0,n) 是最优二叉搜索树，那么它的左、右子树 Tree(0,k−1), Tree(k+1,n) 也是最优二叉搜索树。这样就可以使用动态规划的方法来进行处理。

要证明这一点非常容易，使用反证法即可，可以参考之前的例子，此处不再赘述。

对于动态规划法而言，最重要的就是找出它的递归式。

悟空道："我们使用二维数组 m 来表示二叉搜索树的成本，m[i][j] 表示实结点 $\{s_i, s_{i+1}, \cdots, s_j\}$ 和虚结点 $\{e_{i-1}, e_i, \cdots, e_j\}$ 构成的最优二叉搜索树的搜索成本。"

"如果最优二叉搜索树以 s_k 作为根结点，那么原来的树就可以分为两棵子树 Tree(i,k−1)，Tree(k+1,j) 以及根结点 s_k。"

"在由左右子树及根结点 s_k 合并成新的子树的过程中，左右子树的结点深度增加 1。因为实结点的搜索成本 =(深度 +1)* 搜索概率，虚结点的搜索成本 = 深度＊搜索概率，所以左右子树的结点深度增加，相当于搜索成本增加，增加的成本是所有结点的搜索概率之和。"

"另外，加上 s_k 结点的搜索成本 p_k，总的增加成本用 $w(i,j)$ 表示，$w(i,j)=q_{i-1}+p_i+q_i+\cdots+p_k+q_k+\cdots+q_j$。"

"综上可以得到最优二叉搜索树的递归式：$m[i][j]=m[i][k-1]+m[k+1][j]+w(i,j)$，$i \leq k \leq j$。"

"只要在 i 到 j 的范围内循环，总和值最小的时候对应的 k 就可以作为根结点。当 j=i-1 时，没有结点，m[i][j] 为 0。"

核心算法如下。

```
i =1
while i<=n-t+1:
    j=i+t-1
    w[i][j]=w[i][j-1]+p[j]+q[j]
    m[i][j]=m[i][i-1]+m[i+1][j]
    s[i][j]=i




    k=i+1
    while k<=j:
        tmp=m[i][k-1]+m[k+1][j]




    if tmp<m[i][j] and abs(tmp-m[i][j])>0.000001:
        m[i][j]=tmp
```

当规模为 t 时，从第 i=1 个实结点开始循环，并设定 m 和 w 中的初始值。

k 在 i 和 j 之间，通过循环找到最小的 m[i][k-1]+m[k+1][j]，并记录 k。

注意，程序中使用小数会有误差。

以上面给出的条件为例，实结点的搜索概率分别为 [0.05, 0.09, 0.07, 0.02, 0.12, 0.08]，虚结点的搜索概率分别为 [0.07, 0.08, 0.10, 0.07, 0.05, 0.06, 0.14]。

首先构造两个数组 p 和 q，分别代表实结点和虚结点的搜索概率。为了让程序更容易写，实结点数组增加一个概率为 0 的元素。

p=[0,0.05, 0.09, 0.07, 0.02, 0.12, 0.08]

q=[0.07, 0.08, 0.10, 0.07, 0.05, 0.06, 0.14]

使用二维数组 m 表示最优二叉搜索树的成本，m[i][j] 表示实结点 $\{s_i,s_{i+1},\cdots,s_j\}$ 和虚结点 $\{e_{i-1},e_i,\cdots,e_j\}$ 构成的最优二叉搜索树的搜索成本。

由于 j=i−1 时，没有实结点，所以此时 m[i][i−1]=0。

初始化 m，状态如下。

m[][]	0	1	2	3	4	5	6
0							
1	0						
2		0					
3			0				
4				0			
5					0		
6						0	
7							0

根据之前的分析，由左子树和右子树构成新的树时，增加的成本 w(i,j)=q_{i-1}+p_i+q_i+$\cdots$+p_k+q_k+$\cdots$+q_j，当 j=i−1 时，w(i,j)=q_{i-1}；当 j ≥ i 时，w(i,j)=w(i,j−1)+p_j+q_j。

为了方便计算，构造一个二维数组 w，用来记录这些增加的成本。

w 初始化如下。

w[][]	0	1	2	3	4	5	6
0							
1	0.07						
2		0.08					
3			0.1				
4				0.07			
5					0.05		
6						0.06	
7							0.14

另外，使用二维数组 s 来构造最优二叉数的结点。s[i][j] 表示最优二叉搜索树 Tree(i,j) 的根结点序号，即取得最小值时 k 的值。

s 初始化如下。

s[][]	0	1	2	3	4	5	6
0							
1							
2							
3							
4							
5							
6							
7							0

第一轮，处理规模 t 为 1 的情况，即包含一个实结点。

当 i=1，j=i+t−1=1 时，w[i][j]=w[1][1]=w[1][0]+p[1]+q[1]=0.2。

k=1 时，m[i][j]= m[1][0]+m[2][1]+w[1][1]=0.2。

因为 k=1 时 m[i][j] 最小，所以 s[1][1]=1。

当 i=2，j=i+t−1=2 时，w[i][j]=w[2][2]=w[2][1]+p[2]+q[2]=0.27。

k=2 时，m[i][j]= m[2][1]+m[3][2]+w[2][2]=0.27。

因为 k=2 时 m[i][j] 最小，所以 s[2][2]=2。

当 i=3，j=i+t−1=3 时，w[i][j]=w[3][3]=w[3][2]+p[3]+q[3]=0.24。

k=3 时，m[i][j]= m[3][2]+m[4][3]+w[3][3]=0.24。

因为 k=3 时 m[i][j] 最小，所以 s[3][3]=3。

当 i=4，j=i+t−1=4 时，w[i][j]=w[4][4]=w[4][3]+p[4]+q[4]=0.14。

k=4 时，m[i][j]= m[4][3]+m[5][4]+w[4][4]=0.14。

因为 k=4 时 m[i][j] 最小，所以 s[4][4]=4。

当 i=5，j=i+t−1=5 时，w[i][j]=w[5][5]=w[5][4]+p[5]+q[5]=0.23。

k=5 时，m[i][j]= m[5][4]+m[6][5]+w[5][5]=0.23。

因为 k=5 时 m[i][j] 最小，所以 s[5][5]=5。

当 i=6，j=i+t−1=6 时，w[i][j]=w[6][6]=w[6][5]+p[6]+q[6]=0.28。

k=6 时，m[i][j]= m[6][5]+m[7][6]+w[6][6]=0.28。

因为 k=6 时 m[i][j] 最小，所以 s[6][6]=6。

此轮完成后，各个二维数组状态如下。

m[][]	0	1	2	3	4	5	6
0							
1	0	0.2					
2		0	0.27				
3			0	0.24			
4				0	0.14		
5					0	0.23	
6						0	0.28
7							0

w[][]	0	1	2	3	4	5	6
0							
1	0.07	0.2					
2		0.08	0.27				
3			0.1	0.24			
4				0.07	0.14		
5					0.05	0.23	
6						0.06	0.28
7							0.14

s[][]	0	1	2	3	4	5	6
0							
1		1					
2			2				
3				3			
4					4		
5						5	
6							6

第二轮，处理规模 t 为 2 的情况，包含两个实结点。

当 i=1，j=2 时，w[i][j]=w[1][2]=w[1][1]+p[2]+q[2]=0.39。

k=1 时，m[i][k−1]+m[k+1][j]+w[i][j]=0+0.27+0.39=0.66。

k=2 时，m[i][k−1]+m[k+1][j]+w[i][j]=0.2+0+0.39=0.59

因为 k=2 时，m[i][j] 最小 m[i][j]=0.59，所以 s[1][2]=2。

当 i=2，j=3 时，w[i][j]=w[2][3]=w[2][2]+p[3]+q[3]=0.41。

k=2 时，m[i][k−1]+m[k+1][j]+w[i][j]=0+0.24+0.41=0.65。

k=3 时，m[i][k−1]+m[k+1][j]+w[i][j]=0.27+0+0.41=0.68。

因为 k=2 时，m[i][j] 最小，m[i][j]=0.65，所以 s[2][3]=2。

当 i=3，j=4 时，w[i][j]=w[3][4]=w[3][3]+p[4]+q[4]=0.31。

k=3 时，m[i][k−1]+m[k+1][j]+w[i][j]=0+0.14+0.31=0.45。

k=4 时，m[i][k−1]+m[k+1][j]+w[i][j]=0.24+0+0.31=0.55。

因为 k=3 时，m[i][j] 最小 m[i][j]=0.45，所以 s[3][4]=3。

当 i=4，j=5 时，w[i][j]=w[4][5]=w[4][4]+p[5]+q[5]=0.32。

k=4 时，m[i][k−1]+m[k+1][j]+w[i][j]=0+0.23+0.32=0.55。

k=5 时，m[i][k−1]+m[k+1][j]+w[i][j]=0.14+0+0.32=0.46。

因为 k=5 时，m[i][j] 最小 m[i][j]=0.46，所以 s[4][5]=5。

当 i=5，j=6 时，w[i][j]=w[5][6]=w[5][5]+p[6]+q[6]=0.45。

k=5 时，m[i][k−1]+m[k+1][j]+w[i][j]=0+0.28+0.45=0.73。

k=6 时，m[i][k−1]+m[k+1][j]+w[i][j]=0.23+0+0.45=0.68。

因为 k=6 时，m[i][j] 最小，m[i][j]=0.68，所以 s[6][6]=6。

此轮过后，各个数组状态如下。

m[][]	0	1	2	3	4	5	6
0							
1	0	0.2	0.59				
2		0	0.27	0.65			
3			0	0.24	0.45		
4				0	0.14	0.46	
5					0	0.23	0.68
6						0	0.28
7							0

w[][]	0	1	2	3	4	5	6
0							
1	0.07	0.2	0.39				
2		0.08	0.27	0.41			
3			0.1	0.24	0.31		
4				0.07	0.14	0.32	
5					0.05	0.23	0.45
6						0.06	0.28
7							0.14

s[][]	0	1	2	3	4	5	6
0							
1			1	2			
2				2	2		
3					3	3	
4						4	5
5						5	6
6							6

第三轮，处理规模 t 为 3 的情况，包含三个实结点。

当 $i=1$，$j=3$ 时，$w[i][j]=w[1][3]=w[1][2]+p[3]+q[3]=0.53$。

$k=1$ 时，$m[i][k-1]+m[k+1][j]+w[i][j]=0+0.65+0.53=1.18$。

$k=2$ 时，$m[i][k-1]+m[k+1][j]+w[i][j]=0.2+0.24+0.53=0.97$。

$k=3$ 时，$m[i][k-1]+m[k+1][j]+w[i][j]=0.59+0+0.53=1.12$。

因为 $k=2$ 时，$m[i][j]$ 最小 $m[i][j]=0.97$，所以 $s[1][3]=2$。

当 $i=2$，$j=4$ 时，$w[i][j]=w[2][4]=w[2][3]+p[4]+q[4]=0.48$。

$k=2$ 时，$m[i][k-1]+m[k+1][j]+w[i][j]=0 +0.45+0.48=0.93$。

$k=3$ 时，$m[i][k-1]+m[k+1][j]+w[i][j]=0.27+0.14+0.48=0.89$。

$k=4$ 时，$m[i][k-1]+m[k+1][j]+w[i][j]=0.65+0+0.48=1.13$。

因为 $k=3$ 时，$m[i][j]$ 最小，$m[i][j]=0.89$，所以 $s[2][4]=3$。

当 $i=3$，$j=5$，$w[i][j]=w[3][5]=w[3][4]+p[5]+q[5]=0.49$。

$k=3$ 时，$m[i][k-1]+m[k+1][j]+w[i][j]=0 +0.46+0.49=0.95$。

$k=4$ 时，$m[i][k-1]+m[k+1][j]+w[i][j]=0.24+0.23+0.49=0.96$。

$k=5$ 时，$m[i][k-1]+m[k+1][j]+w[i][j]=0.45+0+0.49=0.94$。

因为 $k=5$ 时，$m[i][j]$ 最小，$m[i][j]=0.94$，所以 $s[3][5]=5$。

当 $i=4$，$j=6$ 时，$w[i][j]=w[4][6]=w[4][5]+p[6]+q[6]=0.54$。

$k=4$ 时，$m[i][k-1]+m[k+1][j]+w[i][j]=0 +0.68+0.54=1.22$。

$k=5$ 时，$m[i][k-1]+m[k+1][j]+w[i][j]=0.14+0.28+0.54=0.96$。

$k=6$ 时，$m[i][k-1]+m[k+1][j]+w[i][j]=0.46+0+0.54=1$。

因为 $k=5$ 时，$m[i][j]$ 最小，$m[i][j]=0.96$，所以 $s[4][6]=5$。

此轮过后，各个数组状态如下。

m[][]	0	1	2	3	4	5	6
0							
1	0	0.2	0.59	0.97			
2		0	0.27	0.65	0.89		
3			0	0.24	0.45	0.94	
4				0	0.14	0.46	0.96
5					0	0.23	0.68
6						0	0.28
7							0

w[][]	0	1	2	3	4	5	6
0							
1	0.07	0.2	0.39	0.53			
2		0.08	0.27	0.41	0.48		
3			0.1	0.24	0.31	0.49	
4				0.07	0.14	0.32	0.54
5					0.05	0.23	0.45
6						0.06	0.28
7							0.14

s[][]	0	1	2	3	4	5	6
0							
1		1	2	2			
2			2	2	3		
3				3	3	5	
4					4	5	5
5						5	6
6							6

第四轮的计算和之前几轮类似，完成之后各个数组状态如下。

m[][]	0	1	2	3	4	5	6
0							
1	0	0.2	0.59	0.97	1.25		
2		0	0.27	0.65	0.89	1.39	
3			0	0.24	0.45	0.94	1.44
4				0	0.14	0.46	0.96
5					0	0.23	0.68
6						0	0.28
7							0

w[][]	0	1	2	3	4	5	6
0							
1	0.07	0.2	0.39	0.53	0.60		
2		0.08	0.27	0.41	0.48	0.66	
3			0.1	0.24	0.31	0.49	0.71
4				0.07	0.14	0.32	0.54
5					0.05	0.23	0.45
6						0.06	0.28
7							0.14

s[][]	0	1	2	3	4	5	6
0							
1		1	2	2	2		
2			2	2	3	3	
3				3	3	5	5
4					4	5	5
5						5	6
6							6

第五轮完成后，各个数组状态如下。

m[][]	0	1	2	3	4	5	6
0							
1	0	0.2	0.59	0.97	1.25	1.83	
2		0	0.27	0.65	0.89	1.39	2.05
3			0	0.24	0.45	0.94	1.44
4				0	0.14	0.46	0.96
5					0	0.23	0.68
6						0	0.28
7							0

w[][]	0	1	2	3	4	5	6
0							
1	0.07	0.2	0.39	0.53	0.6	0.78	
2		0.08	0.27	0.41	0.48	0.66	0.88
3			0.1	0.24	0.31	0.49	0.71
4				0.07	0.14	0.32	0.54
5					0.05	0.23	0.45
6						0.06	0.28
7							0.14

s[][]	0	1	2	3	4	5	6
0							
1		1	2	2	2	3	
2			2	2	3	3	5
3				3	3	5	5
4					4	5	5
5						5	6
6							6

第六轮完成后，各个数组状态如下。

m[][]	0	1	2	3	4	5	6
0							
1	0	0.2	0.59	0.97	1.25	1.83	2.53
2		0	0.27	0.65	0.89	1.39	2.05
3			0	0.24	0.45	0.94	1.44
4				0	0.14	0.46	0.96
5					0	0.23	0.68
6						0	0.28
7							0

w[][]	0	1	2	3	4	5	6
0							
1	0.07	0.2	0.39	0.53	0.6	0.78	1
2		0.08	0.27	0.41	0.48	0.66	0.88
3			0.1	0.24	0.31	0.49	0.71
4				0.07	0.14	0.32	0.54
5					0.05	0.23	0.45
6						0.06	0.28
7							0.14

s[][]	0	1	2	3	4	5	6
0							
1		1	2	2	2	3	5
2			2	2	3	3	5
3				3	3	5	5
4					4	5	5
5						5	6
6							6

全部计算完成之后，我们看到 m[1][6]=2.53，代表着这个问题的最优解就是 2.53。而从 s[1][6]=5 这个结果，我们可以推测出，此最优二叉搜索树以实结点 s_5 为根结点。它的左子树 Tree(1,4)，由实结点 s_1 到 s_4 及相应的虚结点构成；它的右子树 Tree(6,6)，由实结点 s_6 及相应的虚结点构成。通过递归方法，可以构成完全的最优二叉搜索树。

对左子树 Tree(1,4)，我们观察 s[1][4]，因为 s[1][4]=2，所以它的根结点是 s_2。它的左子树 Tree(1,1) 由实结点 s_1 及相应的虚结点构成；它的右子树 Tree(3,4) 由实结点 s_3，s_4 及相应的虚结点构成。

以 Tree(3,4) 为例，因为 s[3][4]=3，实结点 s_3 为根结点，其左侧没有其他任何实结点，所以虚结点 e_2 为 s_3 的左子结点。它的右子树由 Tree(4,4) 构成，s[4][4]=4，根结点是 s_4，而虚结点 e_3，e_4 分别为其左、右子结点。

我们前面例子中的第三种情况，就是最优二叉搜索树。

镇元子双目微睐，陷入沉思，身后出现大道道纹，隐隐就是构建最优二叉搜索树的算法。取经组没有打扰他，静静在边上等待。

良久，镇元子睁开双眼，脸上露出了笑容，悟空见此，忙说："兄长可是有所心得？"

镇元子拱手大笑："此番得贤弟所助，已竟全功！为兄在此多谢了！"

话音一落，整棵大树开始抖动，散发出去的宝光也回归本体，同时天边飘来彩云，伴随阵阵仙乐，蔚为壮观。当所有宝光消散，大树消失，只有一个道人站在原地。正是镇元子本人。

悟空等再次上前见礼，恭喜镇元子修为再上一层楼。

镇元子道："此番零壹界修行已毕，贫道已有能力返回四大部洲。"

镇元子大袖一挥，手上出现六颗金光闪闪的果子，说道："此果乃二叉搜索树的道果，里面蕴含着一丝搜索大道，送予诸位，希望此果对诸位后续行程有所帮助。待来日诸位功成，请务必再上五庄观，重开人参果会。"

"因果已经了结，贫道就不多做停留，诸位保重！告辞！"

言罢，镇元子身形变淡，如同从未出现在众人面前。而周遭景物也发生变化，众人又回到路上。

且说悟空师兄弟几个，本有法力在身，得了二叉搜索树的道果，参透了最优二叉搜索树的虚实之道，对于一些小法术，也更加熟练。

唐僧肉体凡胎，吃了二叉搜索树道果，顿觉头脑清明，以前迪科斯彻传承中一些不明所以的地方也豁然开朗。

猫三王也分到一个果子，它吃下去之后倒看不出有啥变化。八戒连说暴殄天物，可猫三王对他爱理不理。

本节完整代码：

```python
# 定义函数，计算二叉搜索树最优解
def optbst():
    # 初始化 m 和 w
    i=1
    while i<= n+1:
        m[i][i-1]=0.0
        w[i][i-1]=q[i-1]
        i += 1
    # 问题规模 t，对 t 循环
    t=1
    while t<=n:
        # 从第一个实结点开始
        i =1
        while i<=n-t+1:
            j=i+t-1
            w[i][j]=w[i][j-1]+p[j]+q[j]
            m[i][j]=m[i][i-1]+m[i+1][j]
            s[i][j]=i

            # 对 k 循环，尝试发现最优解时 k 的值
            k=i+1
            while k<=j:
                # 临时变量，记录两个子问题最优解的和
                tmp=m[i][k-1]+m[k+1][j]
                # 由于 python 的浮点数有误差，所以多加一个误差的判断
                # 当子问题的最优解之和，比当前的解更优时
                if tmp<m[i][j] and abs(tmp-m[i][j])>0.000001:
                    # 更新数组 m 和 s，记录更优解和划分点 k
                    m[i][j]=tmp
                    s[i][j]=k

                k+=1
            # 加上增加的成本，也可以放在对 k 的循环中做
            m[i][j]+=w[i][j]
            i+=1
        t+=1
```

接上页

```
# 定义函数，打印二叉搜索树的结构
def printoptimalbst(i, j, flag):
    # 整个树只有一个根
    if flag==0:
        print("S", s[i][j], " 是根 ")
        flag =1
    # 打印左儿子，如果是实结点，递归调用打印函数
    k=s[i][j]
    if k-1<i:
        print("e", k-1, " 是 S",k," 的左儿子 ")
    else:
        print("S", s[i][k-1], " 是 S",k," 的左儿子 ")
        #print(" 左 ", i, k-1,j)
        printoptimalbst(i, k-1, 1)
    # 打印右儿子，如果是实结点，递归调用打印函数
    if k>=j:
        print("e", j, " 是 S",k," 的右儿子 ")
    else:
        print("S", s[k+1][j], " 是 S",k," 的右儿子 ")
        #print(" 右 ", j, k+1,j)
        printoptimalbst(k+1, j, 1)
# 以上打印函数结束

# 开始主程序
# 每个关键字的搜索概率，第一个始终设为 0
p = [0,0.05,0.09,0.07,0.02,0.12,0.08]
# 每个虚节点的搜索概率
q = [0.07,0.08, 0.10, 0.07, 0.05,0.06, 0.14]
# 实结点数量
n= len(p)-1
# 构造二叉搜索树的结点
s=[[0]*(n+1) for _ in range(n+1)]
# 二维数组，记录二叉搜索树的最优解
m=[[0]*(n+1) for _ in range(n+2)]
# w[i][j] 表示 w(i,j)
w=[[0]*(n+1) for _ in range(n+2)]
# 调用函数计算最优解
optbst()
print(" 最小搜索成本为 :", m[1][n])
print(" 最优二叉树为 :")
printoptimalbst(1,n,0)
```

真传一句话

动态规划秘籍

动态规划法用的是分治思想，它把原问题分解成若干子问题，先求规模最小的子问题，将结果存在表中，在求解较大问题时，直接从表格中查询小问题的解。自底向上，最后求得原问题的解。

何时用这招

满足下列条件可以使用动态规划法。

1.最优子结构性质：问题的最优解包含其子问题的最优解。其实在贪心法中，我们已经接触过这个最优子结构性质。不同之处在于，贪心法的最优解，包含所有子问题的最优解，动态规划法的最优解，包含的是某些子问题的最优解。

2.子问题重叠：在解题过程中，有大量子问题是重叠的，可以只求解一次，存入表中，之后直接查表，不用计算。这个特点并非使用动态规划法的必要条件，但若满足这个特点的话，可以节省大量计算，凸现动态规划法的优势。

怎么用这招

第一步，分析最优解的结构特征，将原问题拆成合适的子问题；

第二步，建立最优值的递归式，通常递归式可以看成数列的第 n 项可以看成它前一项或者几项的关系，比如 $F(n)=F(n-1)+F(n-2)$ 就是一个递归式；

第三步，自底向上计算最优值，并记录。我们经常听到有人说动态规划法是自底向上，而贪心法是自顶向下，这两者到底有什么不同呢？自底向上的特点是使用额外的存储空间，将子问题的解存储下来，子问题规模逐渐扩大，利用之前记录的结果得到最终结果。而自顶向下，通常使用函数，递归调用自身，不额外记录子问题的解。

第四步，得到最优解。

玄之又玄

动态规划法从全局着眼，在所有子问题中，选出最优解，看起来非常美好。比起贪心法的只看局部，似乎优胜不少。能用贪心法解决的问题，都可以用动态规划法解决。

但要注意的是，动态规划法的时间复杂度，通常是 n 的几次方，而贪心法的时间复杂度可以到 nlogn，当 n 很大时，贪心法的时间优势非常巨大。

猫三王日记

地球历 ___ 年 ___ 月 ___ 日　天气 ___

日子过得挺快，我们已经走过贪心洲和分治洲两个大洲。现在来到的地方属于动态规划洲。

在分治洲，我们用到的分治法思想，是将原问题分解成若干规模比较小，形式相同的子问题。将子问题求解后，合并子问题的解来得出原问题的解。分治法中，各个子问题是相互独立的。如果这些子问题不是互相独立的，使用分治法会重复求解，降低算法效率。这时候就要考虑动态规划法了。

动态规划法其实也是使用分治思想。将原问题分解成若干子问题，然后从下往上，先求解最小的子问题，把结果存储在表中，再直接从表中查询小的子问题的解，求解大一些的子问题，避免重复计算，提高效率。

动态规划法求解最优化问题时，需要考虑两个方面的特性：最优子结构和子问题重叠。只要问题满足最优子结构，就可以使用动态规划法，如果它还有子问题重叠，那更能显示出动态规划法的优势。

当确定使用动态规划法后，可以分析其最优子结构特征，找到原问题和子问题的关系，得到最优解递归式。之后按这个递归式自下向上求解，子问题结果存在表中，通过查表来避免重复计算子问题的解。

如何来判定最优子结构呢？

1. 作出一个选择，假设已经知道哪种选择是最优的。

2. 作出最优选择后会产生哪些子问题。

3. 证明原问题的最优解包含其子问题的最优解。通常使用反证法。为了证明"如果原问题的解是最优解，那么子问题的解也是最优解"，我们可以假定子问题的解不是最优解，那么就可以发现另一个最优解，代入原问题中，就能找到一个比原问题最优解更优的解，这就和前提条件中，原问题的解是最优解相互矛盾的。

那么又该如何得到最优解的递归式呢？

1. 分析原问题最优解和子问题最优解的关系。比如原问题最优解 = 子问题 1 最优解 + 子问题 2 最优解 + 常数。

2. 确定有多少种选择。由于我们并不知道哪种选择最优，所以我们要确定一共有多少种选择，然后从这些选择中找出最优解。

3. 得到最优解递归式。形式如下。

i=j 时，m[i][j] =0；

i<j 时，m[i][j]= min{m[i][k]+m[k+1][j]+f(i,j,k)}，i ≤ k<j；f(i,j,k) 是一个函数，通过 i，j，k 的值可以直接计算出一个结果，整个式子的意思是 i ≤ k<j 时，所有 m[i][k]+m[k+1][j]+f(i,j,k) 中最小的那个。

地球历 ___ 年 ___ 月 ___ 日　天气 ___

在动态规划洲的六墩镇，我们又巧遇一个西游妖怪，鳄鱼精，哦，大名叫鼍龙精。我猜他小时候上学的时候，因为名字太难写，没少收获老师的白眼。

鼍龙精当年好歹也算个官二代，现在走镖为生。人虽然比较丑，但态度挺端正，看来这个世道给他带来不少改变。

由于赚钱困难，鼍龙精不断地试图优化公司的策略，减少开支，这点倒是和老牛挺像的。

作为表哥，本喵的坐骑小白龙还挺热情地想帮助自己的表弟。

简单地说，鼍龙精想要在黑水河上游下游之间的各个小镇间送镖，这些小镇都有自己的运费价格，船费越便宜鼍龙精的成本越低，所以选择哪些小镇停靠，非常重要。

这里的小镇势力组成了一个松散的联盟，没有哪个势力可以统一黑水河流域，所以才有这种奇怪的情况。想当年，本喵的前辈始皇帝，同文共轨，气吞万里如虎，何等气魄。可惜哇，这里没有这等人物。

本喵的坐骑给出了计算方法，但是这个例题中，他只推演到五个点的情况。本喵记忆惊人，在脑海中随便搞了张表格，完成他未完成的推算。

五个点的情况推演完毕后，m 和 r 的状态如下。

m[][]	0	1	2	3	4	5	6
0	0	2	4	6	7	13	35
1		0	3	5	6	7	8
2			0	2	3	4	5
3				0	3	4	5
4					0	1	2
5						0	2
6							0

s[][]	0	1	2	3	4	5	6
0	0	0	0	2	2	0	0
1		0	0	0	0	0	0
2			0	0	0	0	4
3				0	0	4	4
4					0	0	0
5						0	0
6							0

接下来开始推演六个点的情况。

计算的六个点，分别是 i，i+1，i+2，i+3，i+4，j，此时 j=i+5。

i=0，j=5 时，

k=1，m[0][1]+m[1][5]=_____

k=2，m[0][2]+m[2][5]=_____

k=3，m[0][3]+m[3][5]=_____

k=4，m[0][4]+m[5][5]=_____

原值 m[0][5]=_____，（是 否）更新 m[0][5]。如果更新，m[0][5]=_____，s[0][5]=_____

i=1，j=6 时，

k=2，_____

k=3，_____

k=4，_____

k=5，_____

原值 m[1][6]=_____，（是 否）更新 m[1][6]。

此轮过后，m 和 s 如下。

m[][]	0	1	2	3	4	5	6
0	0	2	4	6	7		
1		0	3	5	6	7	
2			0	2	3	4	5
3				0	3	4	5
4					0	1	2
5						0	2
6							0

s[][]	0	1	2	3	4	5	6
0	0	0	0	2	2		
1		0	0	0	0	0	
2			0	0	0	0	4
3				0	0	4	4
4					0	0	0
5						0	0
6							0

最后一轮七个点的情况。

计算的七个点，分别是 i，i+1，i+2，i+3，i+4，i+5，j，此时 j=i+6。

i=0，j=6 时，

_____

_____

_____

_____

_____

原值 m[0][6]=____，（是 否）更新 m[0][6]。如果更新，m[0][6]=____，s[0][6]=_____

最后的状态如下。

m[][]	0	1	2	3	4	5	6
0	0	2	4	6	7		
1		0	3	5	6	7	
2			0	2	3	4	5
3				0	3	4	5
4					0	1	2
5						0	2
6							0

s[][]	0	1	2	3	4	5	6
0		0	0	0	2	2	
1			0	0	0	0	
2				0	0	0	4
3					0	0	4	4
4						0	0	0
5							0	0
6								0

原理还是比较简单的，本喵的坐骑都能搞明白。明白道理之后，写写代码是顺理成章的事情。

```python
INF = 1000000
def getminfee():
  d = 3
  # 按小镇数量循环，从小到大，一直到所有小镇
  while _____ :
    i = 0
    # 如果是 d 个小镇为一组的情况，一共要循环 n-d+1 次，
    # 以三个小镇一组为例，分别是 (0,1,2) 等
    while _____:
      # j 是这一组小镇中的最后一个
      j= _____
      # k 从这一组中开始小镇的后一个小镇开始
      k= _____
      # 如果 k 小于 j, 保持循环
      while _____:
        # 计算在小镇 k 停靠时的费用
        temp= _____
        # 如果在 k 停靠产生的费用，比当前的最低费用低
        if _____:
          # 更新 i 到 j 的最小费用
          m[i][j] = _____
          # 记录停靠点
          s[i][j] = _____
        k += 1
      i += 1
    d += 1
```

```
# 定义函数打印最优解经停小镇的路径
def prnt(i, j):
    # i,j 是小镇编号，如果超过编号范围，直接退出
    if _____:
        return ;
    # 如果 s[i][j]==start, 表示上一个停靠小镇就是起点, 中间没有经停小
镇，可以直接打印结果
    if s[i][j]==_____:
        print('->', j)
    else:
        # s[i][j] 是上一个经停小镇，不是起点的情况下，分成两部分，使
用递归来打印

        _____

        _____

# 以上打印路径函数


# 主程序开始
# 总共的小镇个数
n =7
# 起点小镇编号
start = 0
# 终点小镇编号
end = n-1
```

```
# 定义各个小镇之间的价目表，这里带一个隐藏条件，必须使邻接矩
阵中 r[i][j]<r[i][j+1]，否则就会有问题
p = [[0,1,2],[0,2,4],[0,3,9],[0,4,11],[0,5, 13], [0,6,35], [1,2,3],[1,3,5],[1,4,6],[1,
5,7], [1,6,8],[2,3, 2 ],[2,4, 3],[2,5, 4], [2,6, 6],[3,4,3],[3,5,7],[3,6,6],[4,5,1],[4,6,
2],[5,6,2]]


# 邻接矩阵，存放小镇间直达情况时的费用
r = _____
# 最小费用数组，存放小镇间最小的费用
m = _____
# 路径矩阵，存放路径上的上一个小镇，默认都是由起点直达
s = _____


# 初始化 m,r，从数组 p 读取
for pi in p:
    _____=pi[2]
    _____=pi[2]


# 调用计算最小费用的函数
getminfee()
print (" 从小镇 ",start," 到 ",end)
# 打印最小费用
print (' 花费最小的费用是 ',_____)
# 打印路径
print (' 最小费用经过的小镇是：', _____)
prnt(_____)
```

又是三个兑换点到手，真开心。

鼍龙精请我们吃饭表达谢意，不过这家伙净准备些素食，在河上讨生活的人怎么可以不给本喵准备点鱼呢，气死我了！

地球历 ___ 年 ___ 月 ___ 日　天气 ___

我第一次知道，居然有国家以烧饼命名，烧饼国，一个非常缺乏想象力的名字，我觉得叫什么比萨王国都更新潮一些。据说，这个名字来源于一个可歌可泣的热血传说，我下意识挑挑眉毛。话说，猫有眉毛吗？

好人唐三藏在烧饼城里捡了个叫二饼的小孩。为了小孩的生计，取经组的众人决定参加烧饼国举办的切烧饼大赛，据说胜利者可以赢得五年免费的烧饼。对本喵来说，吃五年烧饼，不如把本喵丢河里喂鱼，但对二饼而言，确实是个大好事。

来到比赛现场，鉴于好人唐三藏的表现，本喵给他授予了一个新头衔——知识传承者。他给众人科普了凸多边形的概念，并且将切烧饼的问题抽象成最优三角剖分问题。

几个人讨论之后，碰到个问题。按照以前一分为二的思路，他们发现切分到后来，各块图形的顶点必然有编号不连续的情况发生，这就导致写代码很麻烦。

看来，还是需要本喵出手提示下这些不知变通的笨家伙。本喵弹出三个锋利的爪子，朝他们比了个手势。

这猴子的反应果然还是更快一些。也许我该直接跳到猴子脑袋上敲三下，不过我不敢冒险。

猴子想到可以把一个多边形分成两个子多边形以及一个三角形的方法，沙僧也领会了算法的精神。

三轮计算过后，各个矩阵的状态如下所示，看看能不能把剩下两轮的计算过程推导出来。

g[][]	0	1	2	3	4	5	6
0	0	0	4	9	11	13	0
1	0	0	0	5	6	7	8
2	4	0	0	0	3	4	6
3	9	5	0	0	0	7	6
4	11	6	3	0	0	0	2
5	13	7	4	7	0	0	0
6	0	8	6	6	2	0	0

m[][]	0	1	2	3	4	5	6
0	0						
1		0	4	17	25		
2			0	5	12	21	
3				0	3	10	16
4					0	7	10
5						0	2
6							0

s[][]	0	1	2	3	4	5	6
0	0						
1		0	1	2	2		
2			0	2	2	2	
3				0	3	4	4
4					0	4	4
5						0	5
6							0

第四轮，d=5，i=1，j=5，由于 i ≤ k<j，所以

k=1，m[1][1]+m[2][5]+w（v_0,v_1,v_5)=_____

k=2，m[1][2]+m[3][5]+ w（v_0,v_2,v_5)=_____

k=3，m[1][3]+m[4][5]+ w（v_0,v_3,v_5)= _____

k=4，m[1][4]+m[5][5]+ w（v_0,v_4,v_5)= _____

当 k=__ 时，得到最小值 ___，所以 m[1][5]=___，s[1][5]=__ ；

i=2，j=6，由于 i ≤ k<j，所以

k=2，_____

k=3，_____

k=4，_____

k=5，_____

当 k=__ 时，得到最小值 ___，所以 m[2][6]=___，s[2][6]=__ ；

此轮完成后，状态如下。

m[][]	0	1	2	3	4	5	6
0	0						
1		0	4	17	25	35	
2			0	5	12	21	30
3				0	3	10	16
4					0	7	10
5						0	2
6							0

s[][]	0	1	2	3	4	5	6
0	0						
1		0	1	2	2	2	
2			0	2	2	2	2
3				0	3	4	4
4					0	4	4
5						0	5
6							0

第五轮计算开始了，d=6，i=1，j=6，由于 i ≤ k<j，所以

k=1, _____

k=2, _____

k=3, _____

k=4, _____

k=5, _____

当 k=__ 时，得到最小值 ___，所以 m[1][6]=___，s[1][6]=__ ；

此轮完成后，得到结果，最终状态如下。

m[][]	0	1	2	3	4	5	6
0	0						
1		0	4	17	25	35	30
2			0	5	12	21	30
3				0	3	10	16
4					0	7	10
5						0	2
6							0

s[][]	0	1	2	3	4	5	6
0	0						
1		0	1	2	2	2	2
2			0	2	2	2	2
3				0	3	4	4
4					0	4	4
5						0	5
6							0

这次的代码比较复杂，我预感系统给的兑换点会多些。

```
INF = 1000000

# 定义三角剖分方法
def conv():
    for i in range(n):
        m[i][i] = 0
        s[i][i] = 0


    # d 为 i 到 j 的规模
    d = _____
    while d <n:
        # i 为子多边形的开始定点
        i =0
        # 对 i 循环
        while i < _____:
            # j 为子多边形的最后一个顶点
            j = _____


            # 预设多边形 {v_{i-1},v_i,···,v_j} 的三角剖分值，该值 = 多边形 {v_i,v_{i+1},···,v_j}+ 三角形 {v_{i-1},v_i,v_j}，g 为邻接矩阵，g[i][j]= 点 i 到点 j 的权值
            m[i][j] = _____
            # 预设第一个可能的划分点
            s[i][j] = i
```

```
        # k 为三角剖分的划分点, 从 i+1 开始循环
        k = i+1
        while _____:
            # 计算以 k 为划分点时, 三角剖分的值
            temp = _____
            # 如果预设值大于当前计算出的三角剖分值, 表示在 k 点划分
时, 是更优的三角剖分, 更新 m 和 s
            if _____>_____:
                m[i][j] = temp
                s[i][j] = k
            k += 1
        i += 1
    d += 1
# 以上三角剖分函数结束
# 定义函数打印最优三角剖分方案
def prnt(i, j):
    # i=j 时, 已经不是三角形, 返回
    if i == j:
        return;
    # 打印满足条件的弦
    if s[i][j]>i:
        print('{v', _____, 'v',_____,'}')
    if j>s[i][j]+1:
        print('{v',_____,'v',_____,'}')
    # 递归调用, 打印子多边形的划分
    prnt(i, s[i][j])
    prnt(s[i][j]+1, j)
# 以上打印函数结束
```

```
# 定义顶点个数
n = 7
# 定义各个顶点之间连线的权值，边的权值都设为 0
p = [[0,1,0],[0,2,4],[0,3,9],[0,4,11],[0,5, 13], [0,6,0], [1,2,0],[1,3,5],[1,4,6],[1,5,7],
[1,6,8],[2,3, 0],[2,4, 3],[2,5, 4], [2,6, 6],[3,4,0],[3,5,7],[3,6,6],[4,5,0],[4,6,2],[5,
6,0]]


# 定义临接矩阵 g
g = _____
# 记录最优三角剖分的值
m = _____
# 最优三角剖分方案中的顶点
s = _____


# 初始化 g
for pi in p:
    g[pi[0]][pi[1]]=pi[2]
    g[pi[1]][pi[0]]=pi[2]


# 调用剖分函数
conv()


# 由于 m[i][j] 记录的是多边形 {Vᵢ₋₁,Vᵢ,…,Vⱼ} 的最优剖分，所以对完整的
多边形 {V₀,V₁,V₂,V₃,V₄,V₅,V₆} 而言，最优三角剖分的值是 m[1][6]
print(_____)
prnt(_____,_____)
```

这次收到五个兑换点，在本喵的预料之中，俗话说得好，一个猫三王，赛过诸葛亮。

好人三藏的心愿顺利达成，想来国王不至于为了几年烧饼钱违反自己的承诺。

地球历 ___ 年 ___ 月 ___ 日　天气 ___

要说西游记里有几个厉害的小孩，那我们今天碰到的圣婴大王红孩儿，绝对算一个。

红孩儿在一个山谷中拦住我们想找茬，结果被猴子戏耍一阵，估计现在难过得想哭。

怎么回事儿呢，红孩儿和猴子有旧仇，你想，一个自由自在的野孩子，脑袋上让人带个箍儿，还被人抓去吃斋念佛那么多年，有父母也不能见，这能不和猴子结仇吗？

这回逮着机会，红孩儿就来给猴子他们添堵，当然这方法也挺孩子气。红孩儿和猴子玩堆石子儿的游戏。

红孩儿在贪心大陆待了那么长时间，后来又见识了猴子给他爹解决拉电话线问题的方案，凭借着天资聪颖，也悟出贪心法的部分道理。

可惜，他碰到了猴子。猴子现在越来越精，演技也越来越好了。知道要玩堆石子的游戏后，猴子就开始挖坑让红孩儿跳。

猴子眼睛一转本喵就知道他要干什么。他看似随意放的石头，其实是已经计算过的结果。

他使用动态规划的思想，先偷偷计算一遍，得到最优代价之后，进行逆推，得到合并的步骤。而使用贪心法的红孩儿，却不知道如何计算最优解，只是根据当前的条件选择最优。

用一句话来说，红孩儿只会利用当前条件，而猴子却是提前布局，创造条件，一旦行动之后，直指最优结果。

根据猴子的算法，他的某些步骤完全可以相互替换。读者朋友可以根据下面的树结构，尝试写出三种以上不同的合并顺序，并使它们的合并代价都最小。

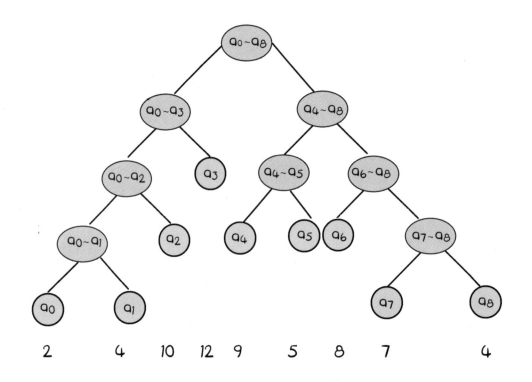

q_0	q_1	q_2	q_3	q_4	q_5	q_6	q_7	q_8
2	4	10	12	9	5	8	7	4

如果不知道最后的结果，猴子前几步的操作确实有让人摸不着头脑，完全不知道猴子判断的依据，以为他就是靠运气，实则不然。

当然，猴子作为长辈，对小孩子下这么狠的手，确实做得过分了，特别是那演技，坑得红孩儿欲哭无泪。

话不多说，还是待本喵将程序写下，得些兑换点。

```python
INF = 1000000
def straight():
    for i in range(n):
        mmin[i][i] = 0
    ssum[0] = 0
    for i in range(n):
        ssum[i+1] = ssum[i]+a[i]
```

```
        d = 2
        while d <=n:
            i =0
            while _____:
                j = _____
                # 得到 i 和 j 之间石子的数量，查表得到，省去计算
                temp = _____ - _____
                k = i
                while k<j:
                    mmin[i][j]=_____
                    k += 1
                i += 1
            d += 1


# 主程序开始
# 定义待合并的数组
a = [2,4,10,12,9,5,8,7,4]
# 石头堆数
n = len(a)
# 定义存放最优解的数组
mmin = _____
# 定义数组，ssum[i] 记录从第 0 堆到第 i-1 堆石子的和，所以数组长
度是 n+1
ssum = [0]*(n+1)


# 调用函数计算最优解
straight()
# 打印最优解（最小值）
print(mmin[0][n-1])
```

写完代码，得到三个兑换点的同时系统提示我，这个堆石子的游戏还有另一种玩法，就是将所有的石子堆头尾相接，连成一个环状。在这种情况下，如果能用程序求得最优解，将额外奖励五个兑换点。

人无横财不富，干了！

我仔细思考一下，这种新的玩法，可以转化成之前的直线玩法。假设由 n 堆石子 $\{a_1, a_2, \cdots, a_n\}$ 构成一个环，那么可以将其转化成一个由 $2n-1$ 堆石子 $\{a_1, a_2, \cdots, a_n, a_1, a_2, \cdots, a_{n-1}\}$ 构成的直线，然后从所有规模为 n 的子问题中，选出一个最优解。

那么，就让本喵用代码来实现吧！

```python
INF = 1000000
# 定义合并最优解函数
def straight():
    for i in range(n):
        mmin[i][i] = 0
    # ssum[i] 记录从第 0 堆到第 i-1 堆石子的和
    ssum[0] = 0
    for i in range(n):
        ssum[i+1] = ssum[i]+a[i]
    # 子问题的规模从 2 开始
    d = 2
    while d <=n:
        # 对子问题计算
        i =0
        while _____:
            j = _____
            # 得到 i 和 j 之间石子的数量，查表得到，省去计算
            temp = _____-_____
```

```
        k = i
        while k<j:
            mmin[i][j]=_____
            k += 1
        i += 1
    d += 1
# 以上合并最优解函数结束


# 主程序开始
# 定义待合并的数组
a = [2,4,10,12,9,5,8,7,4]
# 石头堆数
n = len(a)
# 定义存放最优解的数组
mmin = _____
# 定义数组，ssum[i] 记录从第 0 堆到第 i-1 堆石子的和，所以数组长
度是 n+1
ssum = [0]*(n+1)


# 调用函数计算最优解
straight()


# 打印最优解（最小值）
print(mmin[0][n-1])
```

地球历 ＿＿ 年 ＿＿ 月 ＿＿ 日　天气 ＿＿

今天又看到一场好戏。号称妖怪界多宝童子的金角和银角这两个家伙内讧了。

大家都知道这两个家伙是太上老君的童子，在老君的默许下，偷偷跑到人间玩儿，从来都是一副兄友弟恭哥俩好的样子。到这儿居然为了一些莫名其妙的传言，大打出手。以前觉得这两人都还挺精的呀！

好人唐三藏决定插手管管这件闲事，尽管对方曾经差点吃了他。这个重任顺理成章地交到头号打手猴子的手里。猴子开始胡诌，DNA 都被他给编出来了，真不知道他从是哪儿听来的，反正本喵没有告诉过他。

在比较 DNA 到底有多相似的时候，用到了编辑距离这个概念。编辑距离是指将一个字符串通过替换、删除、增加字符的操作，变成另一个字符串的最小操作次数。

它经常被用于自然语言处理，例如检查拼写之时可以根据一个拼错的单词和其他正确的单词的编辑距离，判断拼错的单词更接近哪个正确的单词。

编辑距离也可以用在文本比较上。在现实生活中，经常用到的各种代码管理工具，会记录用户修改过的每个版本的程序源代码，通过编辑距离这个方法，可以知道每个版本做了哪些改动。

编辑距离的实现代码比较简单，系统只给出三个兑换点，聊胜于无啦！

```
# 定义计算编辑距离的函数
def editdis():
    # 字符串 X 和空的 Y 比较，代价就是 X 的长度 i
    for i in range(n1+1):
        m[i][0]=i
    # 空字符串 X 和 Y 比较，代价就是 Y 的长度
    for j in range(n2+1):
        m[0][j]=j
    # 遍历两个字符串
    i = 1
    while _____:
        j = 1
        while _____:
            # 比较最后两个字符是否一样，求得 diff(i,j) 的值
            if _____:
                diff = 0
            else:
                diff = 1
            # 更新最小值
            tmp = min(_____)
            m[i][j] = min(_____)
            j += 1
        i += 1
    return m[n1][n2]
# 以上计算编辑距离函数
```

```
# 主程序开始
# 定义待比较的两个字符串
str1=['a','s','m','f','w','a','s','f','m','e','g','f']
str2=['s','s','m','w','e','a','s','f','b','m','e','g','f']


# 字符串长度
n1 = len(str1)
n2 = len(str2)
# 定义二维数组存放最小值
m = [_____]
print(" 两个字符串的编辑距离为 ",editdis())
```

地球历 ___ 年 ___ 月 ___ 日　天气 ___

今天，我们一行人到了镇元大仙的地盘。堂堂地仙之祖穿越过来后，成了个树人，动都不能动，有点可怜。

后来才知道，他老人家这种状态最有利于参悟最优二叉搜索树算法。

二叉搜索树，又称为二叉查找树。顾名思义，它是一棵二叉树，每个结点最多只有两个子结点。且左子结点小于根结点，右子树结点大于根结点。

最优二叉搜索树是搜索成本最低的二叉搜索树，即平均比较次数最少。

给定各个虚实结点的概率如下，我们可以自己算一算各种形式二叉树的搜索成本。

实结点的概率分别为 [0, 0.05, 0.09, 0.07, 0.02, 0.12, 0.08]。

虚结点的概率分别为 [0.07, 0.08, 0.10, 0.07, 0.05, 0.06, 0.14]。

第一种树的形式如下，它的成本是多少呢?

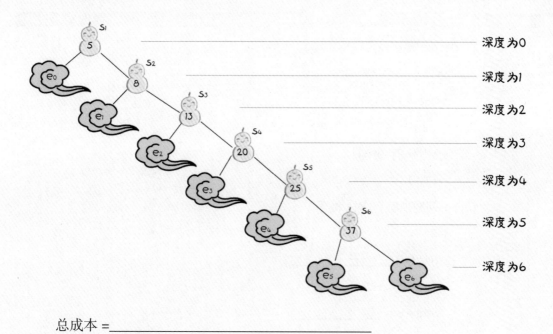

总成本 = _____

第二种树又是多少?

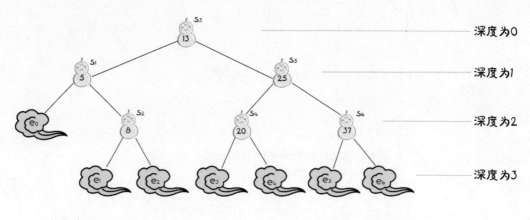

总成本 = _____

这两个问题完全难不倒本喵。

猴子确实很聪明,和镇元子侃侃而谈。他将最优二叉搜索树的最优解,分成左右两棵子树的最优解,加上根结点的成本,这就得到了最优二叉搜索树的递归式。

好,让我们把代码补完吧,又是三个兑换点进账。

```python
def optbst():
  i=1
  while i<= n+1:
    m[i][i-1]=0.0
    w[i][i-1]=q[i-1]
    i += 1
  #问题规模 t，对 t 循环
  t=1
  while t<=_____:
   i =1
    while i<=_____:
      j=i+t-1
      w[i][j]=_____
      m[i][j]=_____
      s[i][j]=i
      # 对 k 循环，尝试发现最优解时 k 的值
      k=i+1
      while k<=_____:
        # 临时变量，记录两个子问题最优解的和
        tmp=_____
        if _____ and abs(tmp-m[i][j])>0.000001:
          # 更新数组 m 和 s，记录更优解和划分点 k
          m[i][j]=_____
          s[i][j]=_____
        k+=1
      m[i][j]+=_____
    i+=1
  t+=1
```

```
# 定义函数，打印二叉搜索树的结构
def printoptimalbst(i, j, flag):
    # 整个树只有一个根
    if flag==0:
        print("S", s[i][j], " 是根 ")
        flag =1
    # 打印左儿子，如果是实结点，递归调用打印函数
    k=s[i][j]
    if _____:
        print("e", k-1, " 是 S",k," 的左儿子 ")
    else:
        print("S", s[i][k-1], " 是 S",k," 的左儿子 ")
        printoptimalbst(_____, _____, _____)

    # 打印右儿子，如果是实结点，递归调用打印函数
    if _____:
        print("e", j, " 是 S",k," 的右儿子 ")
    else:
        print("S", s[k+1][j], " 是 S",k," 的右儿子 ")
        printoptimalbst(_____,_____, _____)
# 以上打印函数结束
```

```
# 开始主程序
# 每个关键字的搜索概率，第一个始终设为 0
p = [0,0.05,0.09,0.07,0.02,0.12,0.08]
# 每个虚节点的搜索概率
q = [0.07,0.08, 0.10, 0.07, 0.05, 0.06, 0.14]
# 实结点数量
n= len(p)-1
# 构造二叉搜索树的结点
s=[[0]*(_____) for _ in range(_____)]
# 二维数组，记录二叉搜索树的最优解
m=[[0]*(_____) for _ in range(_____)]
# w[i][j] 表示 w(i,j)
w=[[0]*(_____) for _ in range(_____)]
# 调用函数计算最优解
optbst()
# 打印结果
print(" 最小搜索成本为 :", _____)
# 打印最优二叉树的结构
print(" 最优二叉树为 :")
printoptimalbst(_____,_____,_____)
```

　　猴子帮镇元子解决了大问题，镇元子恢复人形后也没亏待大家，一人发一个果子，还说以后有机会请本喵去五庄观喝茶，也不知道是真心还是客套。

　　唉，这果子味道还不错，只是吃完后脑袋有点晕晕乎乎的。

第一节　塔林镇解密　最短路径

离开五庄别院，取经组继续前进。

不一日，几人来到界牌关，这里代表两个大洲的分界线。关口两边分别属于动态规划洲和回溯洲。

唐僧对大家说："一路行来，诸多不易，我们终于到达回溯洲了。阿弥陀佛，善哉善哉！"

悟空对唐僧说："师父，根据我打探来的消息，前面不远处就有一个镇子，我们今天赶路快一点，能到那里休息！"

281

　　唐僧点头，催动白龙马向前奔去。其他三人紧紧跟随。几人都非凡人，脚力强劲。这段路因为走的人多，所以都是大路，几十里路一晃就过去了。

　　不久，取经组眼前出现一座大镇子，镇子旁边是一座塔林，远远望去，估计不下几百座石塔，远比当日迪科观里的塔林更加壮观。

　　师徒几个放慢速度，在镇子上找了个比较大的院子，敲开院门，对主人家自报身份，提出希望在此借宿的要求。

　　这户主人家是个老丈，五六十岁，倒也好客，将众人迎进院内。看得出来，这是户殷实人家。主人家请唐僧师徒稍坐，自己去准备斋饭。

　　饭后，老头陪着唐僧等人闲聊。

　　唐僧问老头："请问老丈，这附近的塔林可有什么典故？"

　　老头对唐僧几人说："不瞒长老，此地叫塔林镇，因为是交通要塞，所以一直挺繁华。这里本不叫塔林镇，从几百年前开始，有人在镇子旁边建立石塔，记录自己的成绩或是功德。后来，越来越多人效仿。附近的良善人家，一旦有人故去，条件允许的情况下，镇上的人都会将他们的事迹记录在塔上，让后人瞻仰。"

　　"几百年过去，这里就形成了一片塔林。镇子以前的名字也没人叫了，大家都称呼它为塔林镇。"

　　唐僧听后大为赞叹，说道："贵地如此推崇善行，真是一处宝地啊。"

　　主人家也甚为同意，说道："的确如此，有了这片塔林，别说附近的强盗土匪不来骚扰，就连妖怪也规规矩矩的。"

　　唐僧又说："善哉，善哉！徒弟们，明日我们去瞻仰下各位先贤们的事迹吧！"

　　徒弟们在这种事情上，是不会和师父唱反调的，纷纷表示同意。

　　第二天清早，众人将行李物品寄放在这主人家里，自己前去参观塔林。

　　塔林规模很大，猪八戒有些犯懒，对唐僧说："师父，这里的塔那么多，我们可不可以规划条线路，从起点开始，找那条最近的且能不重复地经过所有塔又回到起点的路？让咱们少走点冤枉路。你上次在迪科观学了那么多东西，要不给咱们露一手？"

　　唐僧此时心情不错，回答道："没问题，我最近又有些新想法，打算实践一下。悟空，你帮为师看看这塔林的地形，算算各个塔之间的距离。"

悟空当下跳到云头，发动火眼金睛，瞬间就将各处的数据尽收心底。

唐僧告诉徒弟们，他学到的知识中，记录的有关于回溯的内容，是指从初始状态出发，按照深度优先的方式，如果发现当前的选择不是最优时，就退回一步重新选择。

八戒道："听起来这方法倒也简单直白。"

唐僧点头道："那就让我们试一下吧！

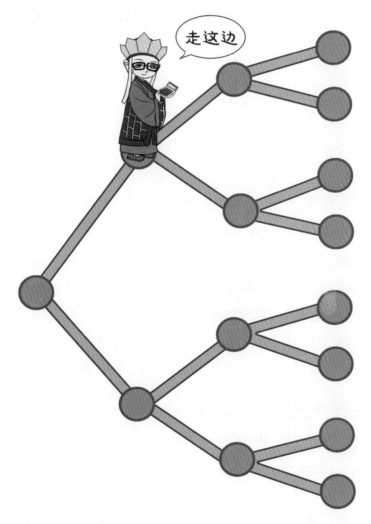

"根据地图，给所有塔编号，为说明算法，我们只选五个塔，编号0—4。每个塔作为一个顶点，可以直接到达的顶点之间有连线，连线上的数字代表塔之间的距离。这样就可将地图转化成一个无向带权图，用矩阵 g 表示。"唐僧说道。

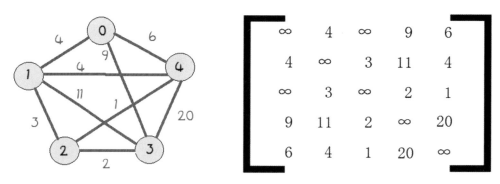

"问题的解空间的组织结构是一棵树，我们将这棵树称为搜索树，树的深度是 n=5。根结点的深度是 0。"

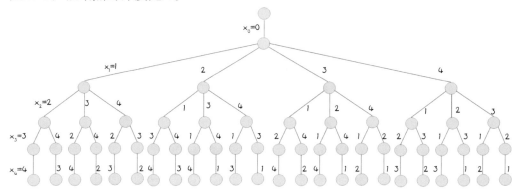

"初始化已经走过的路程 cl=0，当前最优值 bestl= ∞（无穷符号）。当前走过的路径 x=[0,0,0,0,0]，最优解 bestx=[0,0,0,0,0]。为了避免混淆，我们将图上的点称为顶点，而搜索树上的点，称为结点。"

"我们从顶点 0 出发，因为顶点 1 和 0 之间有连线，并且已经走过的路程 cl 小于 bestl，满足限界条件，所以这条路可以继续扩展。"唐僧接着说。

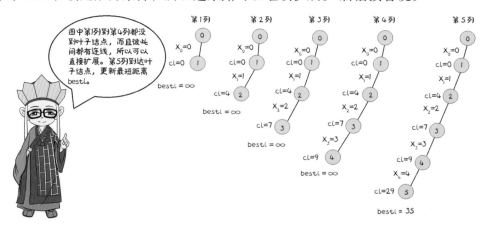

"如上图第 4 列所示，按照顶点 [0,1,2,3] 的顺序，每次都满足两点间有连线，

并且满足走过的路程 cl 小于 bestl 的条件，所以搜索树上结点 1、2、3、4 都可以向下一层扩展。"

"如第 5 列所示，顶点 3 连接顶点 4，将搜索树的结点 4 扩展到结点 5 时，结点 5 已经是搜索树上的叶子结点，我们需要判断它是否可以直接连到起始顶点且走过的路径加顶点 4 和起点间的距离小于最小路径。如果满足这两个条件，我们就可以更新最小路径的值和最小路径上的顶点。显然，此时满足这个条件，更新 bestl=35。"

"因为结点 5 已经是叶子结点，根据深度优先的算法，搜索树回溯到上一个分叉，如第 6 列。如第 7 列和第 8 列所示，重新扩展结点 3，计算路径 [0,1,2,4,3] 的情况，如果最后顶点 3 能连接起点，并且这时走过的路径加顶点 3 和起点间的距离小于最小路径的值，则更新最小路径。如果当前走过的路径已经大于最小路径，这条路径就没有必要再扩展下去，直接回到上一个分叉。很遗憾，在这个分支中，cl+g[3][0]=37>bestl，所以不能更新最短路径。"

"因为已经到达叶子结点，无法继续扩展，只能回溯。如第 9 列所示，一直回溯到上一个有分叉的结点 2。"

"如第 10 列所示，扩展结点 2，原图上顶点 1 连接顶点 3，顶点 3 连接顶点 2，最后再连接顶点 4。此时 cl+g[4][0]=18+6=24<bestl，所以更新 bestx 和 bestl。"

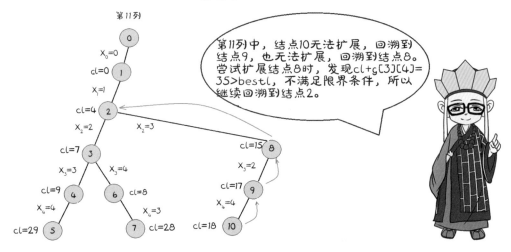

"由于搜索树上结点 10 已经无法扩展，只能回溯到上一有分支的结点 8，如第 11 列所示。尝试扩展结点 8 时，发现下一个要连接的顶点是 4，而 cl+g[3][4]=15+20>bestl，此时不满足限界条件，所以继续回溯到结点 2。"

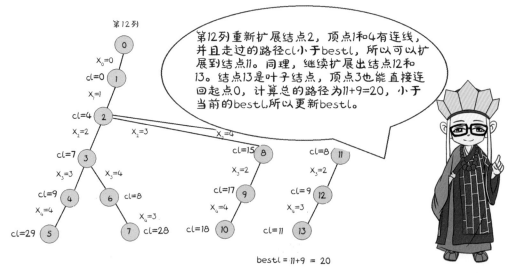

"如第 12 列所示，重新扩展结点 2，根据约束条件和限界条件，可以按照 [0,1,4,2,3] 的路径扩展搜索树，到达叶子结点之后，发现 cl+g[3][0]=20<bestl，所以更新 bestx 和 bestl。"

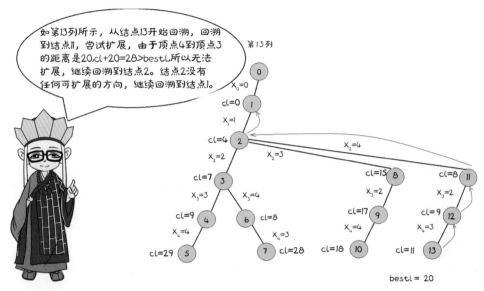

"如第 13 列所示，结点 13 是叶子结点，回溯到上一个分支结点 11，但扩展时发现 cl+g[4][3]=8+20>bestl，不满足限界条件，回溯到结点 2。结点 2 所有分支都已经经过，继续回溯到结点 1。"

八戒听得挺仔细，已经基本理解整个过程，见师父说了半天，有点口干舌燥，便自告奋勇地接着讲解后续步骤。

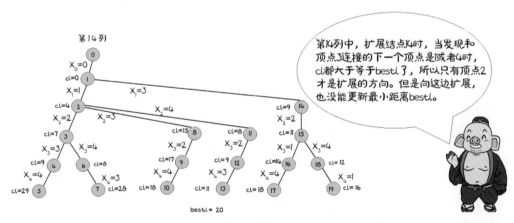

"如第 14 列所示，我们又要重新扩展结点 1，由于顶点 0 和 2 之间没有直接连线，所以不能向这个分支扩展。顶点 0 和 3 之间有连线，我们就向这个分支扩展。"

"从结点 14 继续扩展时，我们发现，顶点 3 连接顶点 1 或 4 的情况下，cl ≥ bestl 了，不满足限界条件，所以唯一的可扩展分支是连接顶点 2。不过，继续扩展下去，[0,3,2,1,4] 和 [0,3,2,4,1] 这两种路径都不是最优解。"

八戒接着道："那就只能继续回溯啦！回溯到结点 1，然后重新扩展，顶点 0

连接顶点 4。如此依次判断约束条件和限界条件，一直到遍历完所有的分支路径，都没有发现更优的解，所以 bestl=20。"

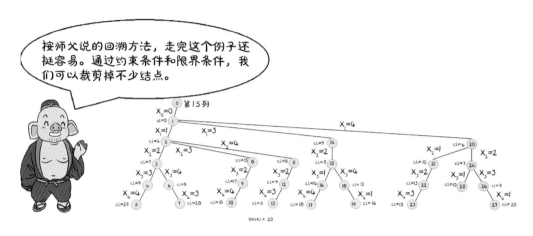

对比开始时的解空间搜索树，约束条件和限界条件裁减掉了不少分支路径。提高了计算效率。

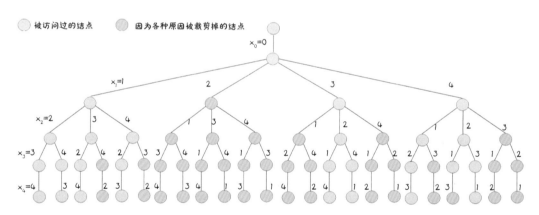

核心算法如下：

```
if t>n-1:
    if g[x[n-1]][START]!=INF and cl+g[x[n-1]][START]<bestl:
        for j in range(n):
            bestx[j]=x[j]            # 更新最短路径上的点
        bestl = cl+g[x[n-1]][START]  # 更新最短路径的值
```

t 表示结点深度，t>n-1 表示已经到达叶子结点，此时判断新的路径是否比已有的最短路径更短，如是则更新。

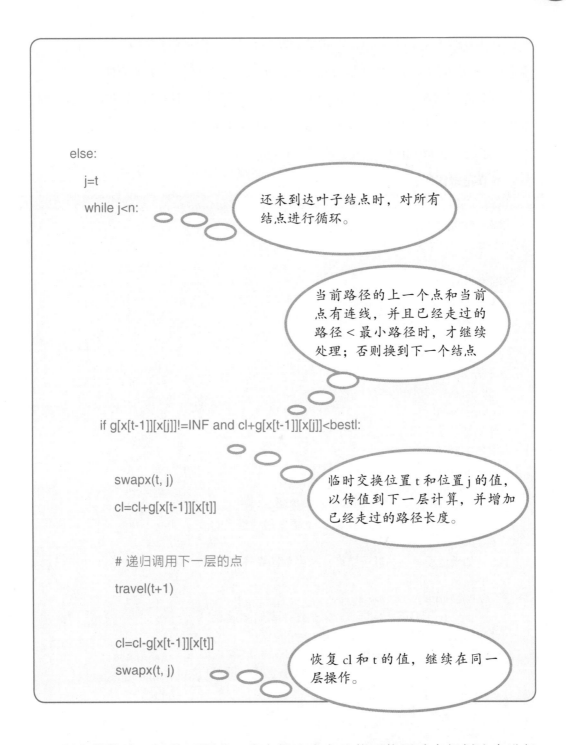

```
else:
    j=t
    while j<n:
```

还未到达叶子结点时，对所有结点进行循环。

当前路径的上一个点和当前点有连线，并且已经走过的路径＜最小路径时，才继续处理；否则换到下一个结点

```
if g[x[t-1]][x[j]]!=INF and cl+g[x[t-1]][x[j]]<bestl:
```

```
    swapx(t, j)
    cl=cl+g[x[t-1]][x[t]]
```

临时交换位置t和位置j的值，以传值到下一层计算，并增加已经走过的路径长度。

```
    # 递归调用下一层的点
    travel(t+1)
```

```
    cl=cl-g[x[t-1]][x[t]]
    swapx(t, j)
```

恢复cl和t的值，继续在同一层操作。

悟空挠挠头，问道："师父，我在想这个方法能不能用动态规划法来进行计算？"

唐僧感叹："当然也可以用动态规划法，只不过这一类问题用动态规划法的

话，时间复杂度是 $O(2^n \times n^2)$，空间复杂度是 $O(2^n)$。而回溯法在最坏情况下的时间复杂度是 $O(n!)$，空间复杂度是 $O(n)$。相比起来，还是回溯法更加简便一些。"

悟空使用回溯法很快计算出最短路径，众人兴致勃勃地在塔林里溜达一圈。这次没有意外发生，取经组参观完塔林，顺利回到借宿的庄园。

取了行李，辞别庄园主人，唐僧一行继续出发。

本节完整代码：

```python
INF = 10000000
START = 0 # 定义起点位置

def swapx(i, j):
    tmp=x[i]
    x[i]=x[j]
    x[j]=tmp

def travel(t):
    global cl
    global bestl
    # 到达叶子结点
    if t>n-1:
        if g[x[n-1]][START]!=INF and cl+g[x[n-1]][START]<bestl:
            for j in range(n):
                bestx[j]=x[j]          # 更新最短路径上的点
            bestl = cl+g[x[n-1]][START]   # 更新最短路径的值
    else:
        # 如果还没有到达叶子结点，从当前结点开始循环
        j=t
        while j<n:
            if g[x[t-1]][x[j]]!=INF and cl+g[x[t-1]][x[j]]<bestl:
                swapx(t, j)
                cl=cl+g[x[t-1]][x[t]]
                travel(t+1)
                cl=cl-g[x[t-1]][x[t]]
                swapx(t, j)
            j+=1

def init():
    for i in range(n):
        x[i]=i
```

接上页

```
    bestx[i]=0
  # 设定起始点
  x[0]=START
  x[START]=0
  bestx[0]=START
  bestx[START]=0

def prnt():
  print(" 最短路径 :",bestx)
  print(" 最短路径长度 :", bestl)


cl = 0 # 定义当前走过的路径长度
bestl = INF # 最短路径长度
n = 5 # 总共需要经过的塔的数量
g = [[INF]*n for _ in range (n)] # 图的邻接矩阵
x = [0]*n # 当前路径走过的点
bestx = [0]*n # 最短路径走过的点
# 定义所有塔之间的边
p= [[0,1,4],[0,3,9],[0,4, 6],[1,2,3],[1,3,11],[1,4,4],[2,3,2],[2,4,1],[3,4,20]]
for pi in p:
  g[pi[0]][pi[1]]=pi[2]
  g[pi[1]][pi[0]]=pi[2]

init()

# 从解空间的第一层出发
travel(1)

prnt()
```

第二节 蜘蛛精寻仇 N 皇后问题

师徒几人很快又进入人迹罕至的山林，晓行夜宿。虽然天气已经非常冷，但山中的林木依旧茂密。

这日众人来到一个小山谷，谷中有大大小小数十个温泉，泉眼里咕嘟咕嘟冒着热水。

师徒几人见到此景，都说这个地方倒是不错，若是能下去泡一阵，定能让大家去疲解乏。八戒甚至已经脱开外袍，准备下水。

正说话间，他们听到一阵银铃般的笑声。取经组脸上的笑意，顿时尴尬起来。特别是八戒，苦笑道："不会又碰到一群妖精吧？"

好的不灵坏的灵，八戒的不详预感果然成真。

从山林中转出一群彩衣女子，不多不少，正好是七个。

师父在旁，八戒裹上衣袍，装出一副正气凛然的样子，跳到众人前面，冲着那群女子叫道："妖精，你们不是被我师兄打死了吗？怎么又是你们！"

八戒说得没错，出现在大家面前的正是西游世界盘丝洞里的七个蜘蛛精。

其中的老大冷笑一声，对八戒说："就许你们几个和尚来到此界，不许我们姐妹来啊？当初我师父施法将我们从那猴子棒下解救，从此我们苦苦修炼，誓要找你们报仇！"

"想当年，我等好好地在濯垢泉修炼，并未招惹你们。可你们做了啥？同为妖族，对我们苦苦相逼。今日，我们定要让你们这几个和尚见识下我们的厉害。布阵！"

话音刚落，七个蜘蛛精身后风声大作，飞沙走石。悟空几个赶紧将唐僧护在中间。

八戒边苦苦抵挡边对悟空说："猴哥，这几个妖精什么时候变得那么厉害了！"

悟空不答，只管用火眼金睛打量那阵法。

在悟空眼中，天地间被一个方形棋盘笼罩，方形棋盘横竖各有七个格子，那七个蜘蛛精每人立在一个格子中，同时不断变换位置。

沙僧被风沙吹得快睁不开眼，他横握降魔宝杖，大喊："大师兄，这阵法威力在不断加强，我快要顶不住了！你赶紧想想办法。"

悟空眼中金光闪烁，似在算计什么。片刻后，悟空喊道："八戒，沙僧，我看这些蜘蛛精本身实力一般，仰仗的乃是这阵法。只要其中任何两个蜘蛛精站在同一行、同一列或者同一斜线上时，我们就拿她们没有办法。我猜测只要能把她们限制在某一个位置上，并且任何两个人都不在同一行、同一列或同一斜线上的时候，阵法就会被割裂开。那就是我们的机会。"

"你们守好师父，看我的！"悟空拔下一把毫毛，化作无数分身，手持武器冲向蜘蛛精。

在一般情况下，往 7×7 的棋盘中放七个子，它们有很大概率会满足蜘蛛精的阵法要求，只有少数的几种可能，阵法才会出现破绽。悟空现在做的，就是将蜘蛛精们吸引到指定的位置，再让分身们在原地纠缠住蜘蛛精。

悟空的分身战力不高，但胜在数量众多。经过一番苦战，他终于将蜘蛛精限定在阵法的各个位置。随即悟空祭起金箍棒，那金箍棒随风而长，越长越大，越长越粗，如同撑天巨柱一般。悟空一个筋斗翻到金箍棒上端，双掌用力，挥动金箍棒，同时大喝一声："开！"

金箍棒落下，顿时如同天塌地陷一般，八戒、沙僧等没有直面金箍棒威力的人都被震得东倒西歪，就别说正面承受攻击的蜘蛛精了。

被分隔开的七个蜘蛛精，得不到阵法加持，被悟空一击而溃。

八戒和沙僧顾不得自己，赶忙查看唐僧的情况。幸好白龙马横过身体帮唐僧挡住大部分的冲击波，唐僧虽然灰头土脸，但并没有受什么伤害。猫三王这家伙不愧是有九条命的，灵活地躲在唐僧的后面，这三藏法师没事，它也不会有事。

悟空从半空落下，看到倒在地上口角带血的蜘蛛精们，正准备动手送她们最后一程，却被唐僧叫住。

唐僧说："悟空，以前的事情我们也有不是，这回你又击败了她们，想来以后她们更没机会了。放她们走吧。"

蜘蛛精们自以为无法幸免，没想到唐僧愿意放过她们，互相对视一眼，纷纷表态，说以后再也不来找取经组的麻烦。

唐僧道："你们今后须改过自新，多做善事，否则贫僧饶得了你们，老天可饶不了。"

七个妖精满口答应。谢过唐僧后，她们互相搀扶着，消失在附近的山林中。

八戒心有余悸地说："这七个蜘蛛精的阵法也太厉害了！阵法一出，她们几乎立于不败之地啊！"

"猴哥，你是怎么看出她们的破绽的呢？"

悟空到："这几个蜘蛛精本身修为不高，但是她们能做到心心相印，最大限度地发挥这套阵法的威力。看来传她们阵法的人，绝对是弈道大家。

"想当年俺老孙在四方游历时，知道西方有一种游戏，叫作国际象棋，由 8×8 的棋盘组成。有一种棋子，称为皇后，能在行、列、斜线三个方向自由攻击。有人就提出了问题，能否将八个皇后放在棋盘上，让它们彼此之间无法互相攻击？当时俺老孙也曾想破解这个问题，但是无奈不得要领，所以也就放弃了。"

"今次，看见这七名女妖站在棋盘阵中，俺心有所悟，觉得可以用回溯法来破解。"

n 皇后问题的解的形式是一个 n 元组：$\{x_0, x_2, \cdots, x_{n-1}\}$，$x_i$ 表示第 i 个皇后放置在第 i 行第 x_i 列。如 $x_2=3$，表示第 2 个皇后放在第 2 行第 3 列（注意：数字从 0 开始）。

它的解空间是一棵 n 叉树，树的深度为 n。

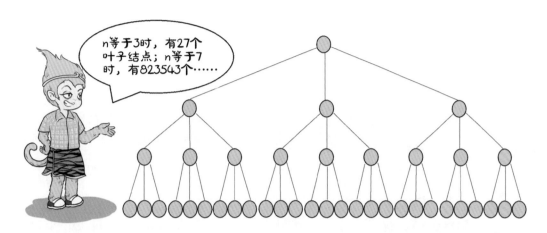

n 皇后问题的约束条件是任何第 t 个皇后不能和前 t-1 个皇后在同一行、同一列以及同一条斜线上。由于解的形式的原因，它们天然不能处于同一行（每行只有一个）；不同列，就是要求 $x_i \neq x_j$；不同斜线，就是 $|i-j| \neq |x_i-x_j|$。

因为这个问题不考虑方案的好坏情况，所以不需要设置限界条件。

搜索解的过程从根结点开始，以深度优先搜索的方式进行。

核心算法：

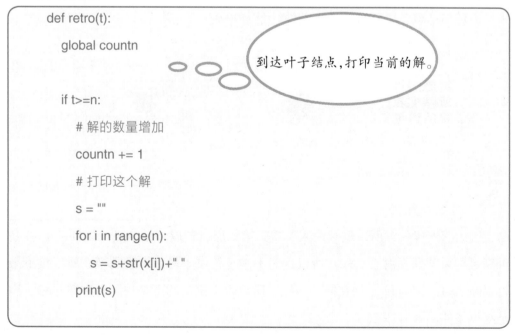

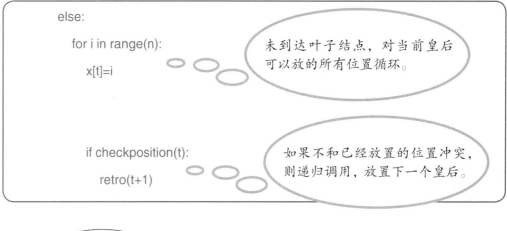

```
else:
    for i in range(n):
        x[t]=i

        if checkposition(t):
            retro(t+1)
```

未到达叶子结点，对当前皇后可以放的所有位置循环。

如果不和已经放置的位置冲突，则递归调用，放置下一个皇后。

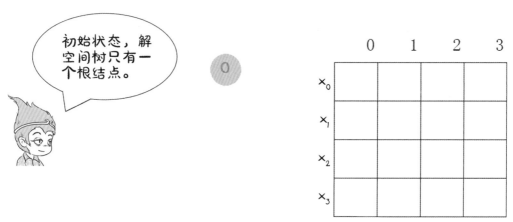

初始状态，解空间树只有一个根结点。

首先搜索第一层，扩展 0 号根结点。判断 $x_0=0$ 是否满足约束条件。由于之前未选中任何结点，所以满足约束条件。令 x[0]=0。

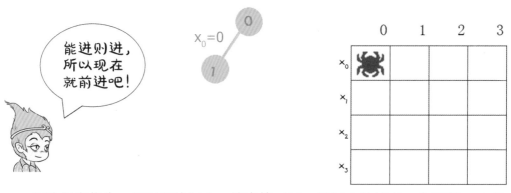

能进则进，所以现在就前进吧！

因为深度优先，所以继续深入，搜索第二层，扩展 1 号结点。先判断 $x_1=0$ 是否满足约束条件，由于 $x_0=0$，所以这时不满足约束条件。不进则换，所以接下来再判断 $x_1=1$。因为和 x_0 处在同一斜线，所以也不满足约束条件。再判断 $x_1=2$，满足约束条件。令 x[1]=2。

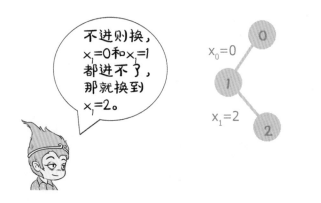 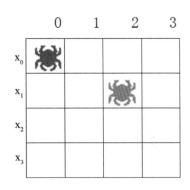

继续搜索第三层，扩展 2 号结点，但 $x_2=0$，$x_2=1$，$x_2=2$，$x_2=3$ 这四种情况都无法满足约束条件，此时需要回溯。退回到 1 号结点。

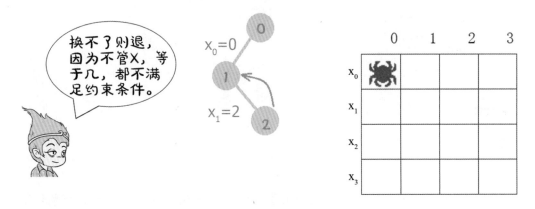

重新扩展 1 号结点，$x_1=3$ 满足约束条件，所以生成 3 号结点。

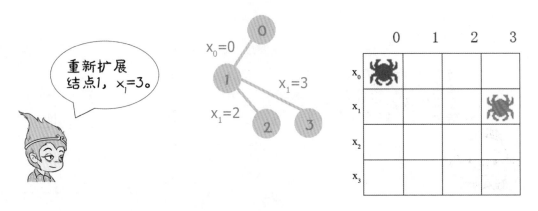

继续深入，搜索第三层，$x_2=1$ 满足约束条件，扩展结点 3。

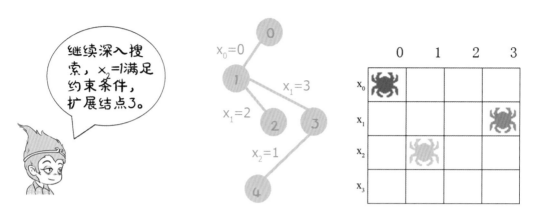

接着搜索第四层，没有满足约束条件的解，进行回溯。

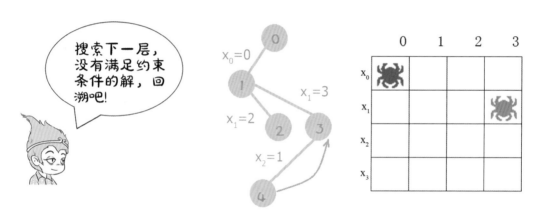

回到结点 3，第三层没有满足约束条件的解，无法继续扩展。继续回溯到结点 1，搜索第二层找不到满足约束条件的解，也无法继续扩展，继续回溯到结点 0。

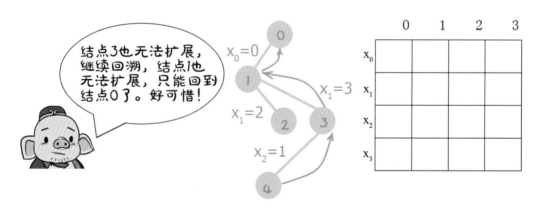

重新搜索第一层，$x_0=1$ 满足约束条件。从根结点 0 扩展出结点 5。

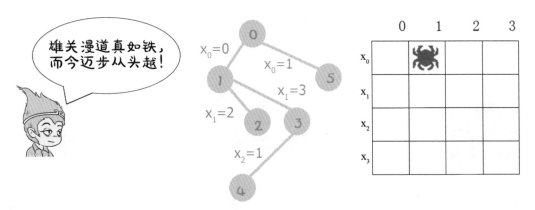

搜索第二层，发现 $x_1=3$ 满足约束条件，扩展出结点 6。

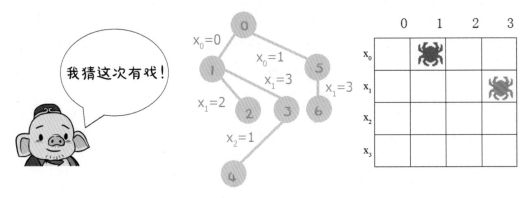

继续往下一层搜索，当 $x_2=0$ 时满足条件，扩展出结点 7。

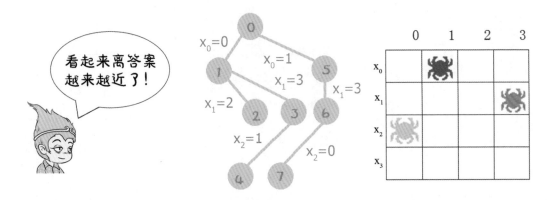

搜索第四层，当 $x_3=2$ 时满足约束条件，扩展出结点 8。由于结点 8 已经达到树的最大深度，所以当前可以得到问题的一个可行解：{1,3,0,2}。

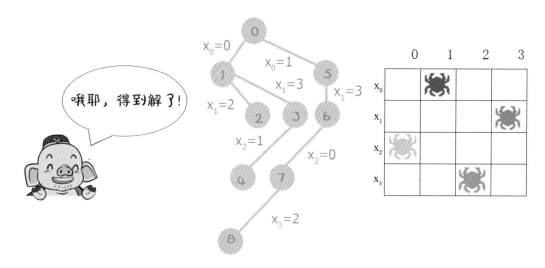

结点 8 无法继续向下扩展，回溯到结点 7。继续搜索第三层，没有发现其他满足条件的解，回溯到结点 6。第二层也没有其他满足条件的解，继续回溯到结点 5。第一层同样没有其他解，回溯到根结点 0。

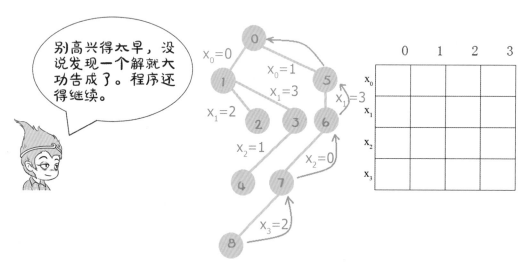

重新搜索第一层，$x_0=2$ 满足条件。从结点 0 扩展出结点 9。

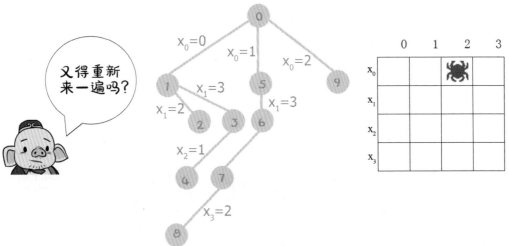

向下搜索第二层，$x_1=0$ 满足约束条件，扩展出结点 10。

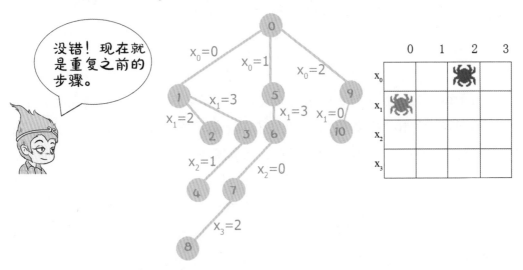

继续向下搜索第三层，$x_2=3$ 满足条件，扩展出结点 11。

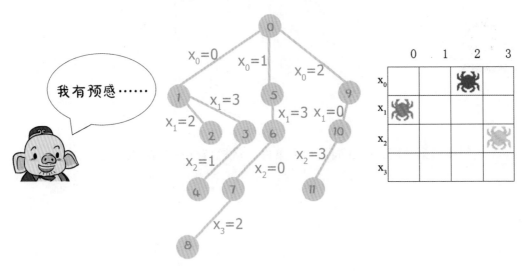

继续向下搜索第四层，$x_3=1$ 满足约束条件，扩展出结点 12。由于结点 12 已经达到树的最大深度，所以当前可以得到一个可行解：{2,0,3,1}。

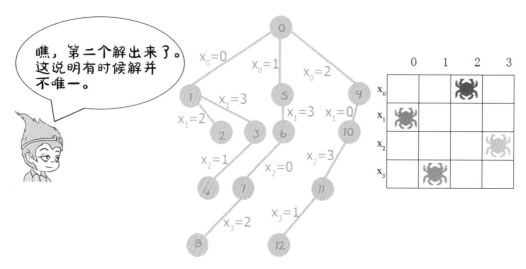

由于结点 12 无法扩展，回溯到结点 11。搜索第三层，没有其他满足条件的解，回溯到结点 10。搜索第二层，也没有其他满足条件的解，回溯到结点 9。搜索第一层，同样没有其他满足条件的解，回溯到结点 0。

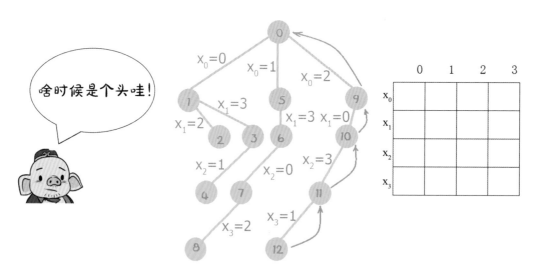

重新搜索第一层，$x_0=3$ 满足约束条件，从根结点 0 扩展出结点 13。

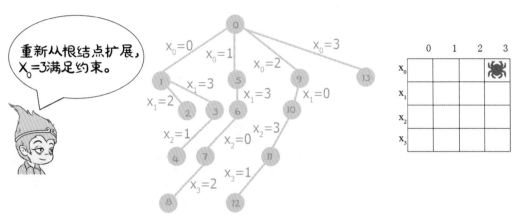

搜索第二层，$x_1=0$ 满足约束，从结点 13 扩展出结点 14。

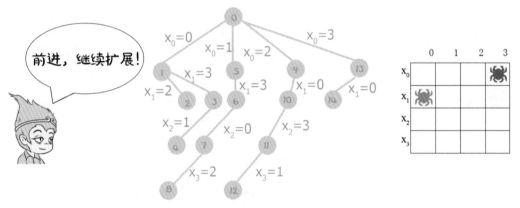

继续搜索第三层，$x_2=2$ 满足约束，继续扩展。

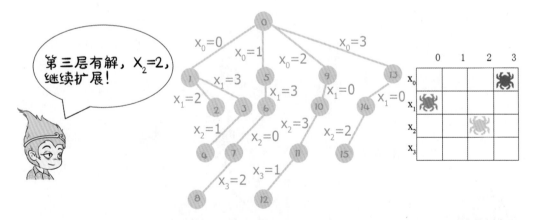

搜索第四层，没有找到满足约束条件的解，回溯到结点 14。搜索第三层，没有找到其他满足约束条件的解，继续回溯到结点 13。

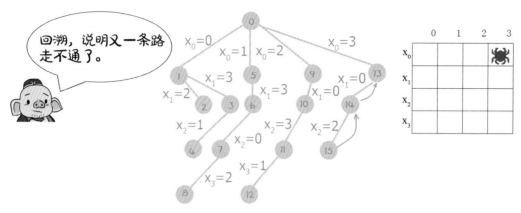

重新搜索第二层，$x_1=1$ 满足约束，扩展出结点 16。

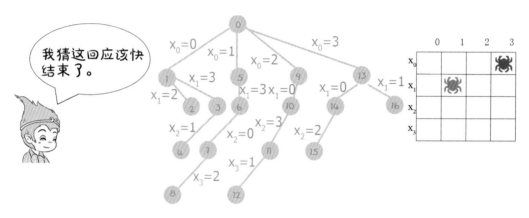

搜索第三层，没有满足约束的解，回溯到结点 13。搜索第二层，没有其他满足约束的解。回溯到根结点 0。搜索第一层，没有其他满足约束的解。所以，整个求解过程完成。

从解空间树上可以清楚地看到，有两个可行解：{1,3,0,2} 和 {2,0,3,1}。

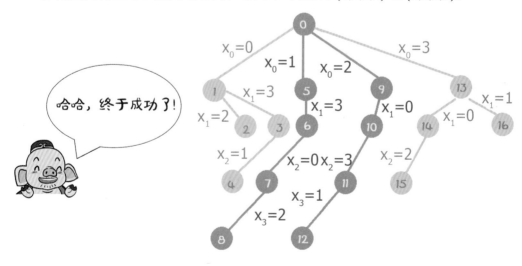

本节完整代码：

```python
# 定义函数，比较第 t 个皇后和前面所有皇后的位置
def checkposition(t):
    rt = True
    for j in range(t):
        # 如果在同一列，或在同一斜线上，返回假
        if x[t]==x[j] or t-j==abs(x[t]-x[j]):
            rt = False
            break
    return rt
# 以上比较位置函数
# 定义函数，以回溯方法求解
def retro(t):
    global countn
    # 到达叶结点
    if t>=n:
        # 解的数量增加
        countn += 1
        # 打印这个解
        s = ""
        for i in range(n):
            s = s+str(x[i])+" "
        print(s)
    else:
        # 未达到叶结点
        for i in range(n):
            # 设置当前皇后的位置
            x[t]=i
            # 如果当前皇后的位置不和之前的任何冲突
            if checkposition(t):
                # 放下一个皇后
                retro(t+1)
# 以上回溯方法函数
# 记录所有可能解的数量
countn=0
n=4
# 解的位置
x = [0]*n
# 执行回溯方法
retro(0)
print(" 答案数量是 ", countn)
```

第三节 极北寻勇士 最大团问题

解决掉蜘蛛精带来的麻烦，取经组在仅存的温泉中稍事休息，收拾东西继续上路。

越往西北方走，天气愈加寒冷。凛冽的寒风中，唐僧穿上了压箱底的锦斓袈裟。这袈裟宝光氤氲，煞是好看，是一件宝贝，用空调衣三个字就能表明袈裟的特性。

唐僧早就从白龙马背上下来，徒步往前走。狂风裹挟着霰雪打在人脸上真如刀割般疼痛。至于那几个徒弟和白龙马，早已经寒暑不侵，完全不惧这些风雪。猫三王也从白龙马头上下来，跟在众人后面前进。

山林渐渐被抛在身后，眼前慢慢出现了苍莽的冰原。取经组离目的地越来越近。

在寒冷的冰原上行进几天后，师徒几人来到一个部落。这个部落居住在用冰块制成的房子里，这让八戒很吃惊。

八戒嚷嚷道："师父你看，这些人真抗冻，住在冰做的屋子里，也不怕被冻成大冰块。"

唐长老学识渊博，对八戒说："这冰屋其实非常保暖，能隔绝内外的寒气。你当天蓬元帅的时候，难道没有去过那北俱芦洲的极北之地吗？那里应该也有人用这种冰屋吧。"

八戒说："师父你有所不知，俺老猪去是去过，可是那里要不就是些厉害的修士，要不就是些强大的妖兽，根本没有凡人，也没见过人用冰块造屋子。"

众人渐渐接近部落，很快就碰到部落的哨兵。哨兵拦住取经组。唐僧等人说明来意，哨兵将几人带到最大的冰屋面前。

哨兵进去通报后，取经组走进冰屋，见到了这里的酋长。酋长身材非常魁梧，脑袋上顶着牛角帽，看起来有几分牛魔王的样子。不过酋长的大胡子比牛魔王的更加长，胡子编成辫子垂在胸前。

取经组打量酋长的同时，酋长也在打量取经组。

几秒钟后，酋长发出洪亮的笑声，对唐僧师徒说："异乡的旅人们，冰原部落的族人终于等到你们了！"

取经组几人对视一下，目光中充满着疑惑。唐僧对酋长说："施主为何如此说？莫非施主早已知道我们会来到贵地？"

酋长说道："我们冰原部落秉承神灵的旨意，在此地封印一个恶魔。我们伟大的先知曾告诉我们，如果有一天，我们这里来了一个和尚，他带着一只猪，一只猫，一只猴子，一匹马和一个野人，我们就可以去消灭那个恶魔。然后，我们在冰原上的使命也将完结，可以去南方温暖的地区生活。我们将再也不用被这寒风和大雪蹂躏。远道而来的旅人们，请在这里好好休息。我将挑选我们这里最强大的族人，和你们一起，去消灭那个恶魔！"

悟空兄弟几人听了后，嗤笑一声，这里的所谓勇士，完全只是强大一些的普通人，根本入不了齐天大圣的眼。

唐僧说道："贫僧几个徒儿都有神通在身，等闲妖魔不在话下。施主好意我们心领了。只需施主给我们指点方向，我们自去便可。"

酉长抚摸着自己的胡子，说道："我族先知曾说，这里的恶魔能挑动人心中恶念，让人互相厮杀，只有用我族勇士独特结成的组阵法压制，才能将其灭杀。这是我们的使命。"

唐僧见无法说服酉长，只好答应酉长的请求。

酉长为取经组准备了冰屋，众人也好好地体验了一把冰屋的生活。

第二天早上，酉长的冰屋外已经聚集了不少人，将酉长围在中间。酉长似乎正在训话。

八戒沙僧分开部落众人，给唐僧让出一条路。

见到唐僧等人出现，酉长微微额首，算是打个招呼。

唐僧走上前，对酉长说："施主可是已经准备好出发了？"

酉长苦笑一阵，说："我们碰到点问题。我们冰原一族的勇士，多是好勇斗狠之辈，虽然在一起生活了很多年，但生活中难免会有些冲突。而那恶魔最擅操控人心，一旦组阵的勇士之间有摩擦，就会被那恶魔抓住破绽，无限放大心中的恶念，从而前功尽弃。所以，我们这个阵法中，任何两个人之间，都不能有仇怨。"

唐僧听后大吃一惊："这可如何是好？"

酋长说："幸好我这里有个祖传的宝物，永恒之冰。在这冰块上，能显示出每一个勇士和其他的勇士间，是否有仇怨。目前，我们正在检测中。"

唐僧点头，随即说道："那么，施主你指的问题是什么？"

"为了最大程度的保证阵法的威力，我们必须选出尽量多的勇士。可是，我这边现在有八百勇士，要从中找出尽可能多的互相没有仇怨的人，非常困难啊！"

唐僧听后，心中一动，对悟空等人说："徒弟们，让我们看看有没有办法帮酋长把人挑出来。"

悟空点头说道："我们可以把所有勇士当成图的结点，如果关系友好的就连上线，如果有仇怨的就不连线。那么这个问题，就化成从图中找出最多的结点，这些结点之间都有线相互连接的问题。"

唐僧非常认可悟空的话，对其他几个徒弟说："这是一个最大团问题。"

先了解一下完全子图的含义。如果图 G' 的所有结点被图 G 的结点所包含，且图 G' 的所有边被图 G 的边所包含，图 G' 称为图 G 的子图。如果 G' 中任意两个点之间都有边相连，则 G' 称为完全图。当满足上述两个条件时，称 G' 为 G 的完全子图。

当 G' 是 G 的完全子图，并且 G' 不包含在 G 的更大的完全子图中时，称 G' 是 G 的团。

如果 G' 包含的结点数量是 G 的所有团中最多的，则称 G' 为 G 的最大团。

这时，这个问题可以变成从无向图 G=(V,E) 中选出一部分结点的集合 V'，这个子集中的任意两个结点在无向图 G 中都有边相连，且包含的结点个数是所有同类子集中最多的。

悟空点头说道："我们可以将问题解的形式定义为一个长度为 n 的数组，数组的每个元素的值是 1 或 0，表示在或者不在最大团里。"

八戒接着说："这样就很明显了，解空间是一棵二叉树，深度是 n。左分支表示当前结点属于最大团，右分支表示当前结点不属于最大团。"

悟空同意八戒的意见，说："对，这个解空间里一共包含 2n 个子集，由于存在某两个点之间没边相连的情况，所以需要设置约束条件。"

沙僧接口说道："假设当前在解空间树的第 t 层，那么前 t–1 个结点是否在最大团里的情况已经确定，我们只要判断当前结点是否和已经在最大团里的所有结点都有连线。如果都有连线，就可以把它加入最大团。"

八戒道："除了约束条件，也应该考虑限界条件吧？"

"是的，当我们已经确定前 t 个点的状态时，我们就能知道已经有多少点在最大团里，记作 cn 个。如果后面所有的 n–t 个点都在最大团里，则最大团包含的结点个数是 cn+n–t 个。如果已经取得的最优解里的结点数量 bestn ≥ cn+n–t，就不用再继续向下查找了。"悟空解释道。

唐僧点头赞同地说："如此，我们就可以从根结点开始，以深度优先的方式进行搜索。每次搜索到一个结点时，判断其约束条件，看是否可以将其加入最大团中。如果可以，则继续沿左分支向下搜索；如果不行，判断限界条件，如果满足限界条件，则沿右分支继续向下搜索。"

核心算法如下：

```
if t>n:
    for i in range(n):
        bestx[i]=x[i]
    bestn = cn
    return
if checkpoint(t):
    x[t-1]=1
    cn += 1
    retro(t+1)
    cn -= 1
if cn+n-t>bestn:
    x[t-1] =0
    retro(t+1)
```

如果达到叶子结点，则记录最优解的方案，然后返回。

当满足约束条件时，当前点加入最大团，向左子结点搜索。

当满足限界条件时，当前点不加入最大团，向右子结点搜索。

我们以五个部落成员为例，他们之间若没有仇恨关系，就用线连接。

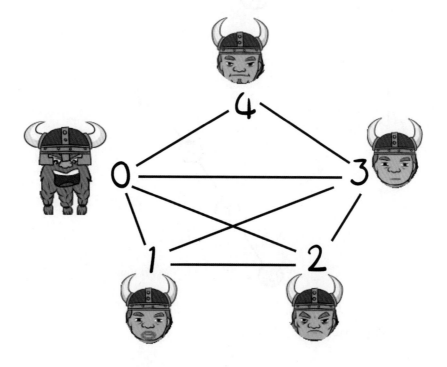

初始时，加入队伍的成员数量 cn=0，当前最大团员数量 bestn=0。

从 t=1 层的 0 号部落成员开始，判断是否满足约束条件，由于之前未选中任何成员，所以满足条件，扩展左分支，x[0]=1，cn=1。

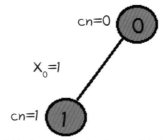

当 t=2 时，继续扩展 1 号结点，1 号成员和 0 号成员有边相连，满足条件，扩展左分支，扩展出 2 号结点，x[1]=1，cn=2。

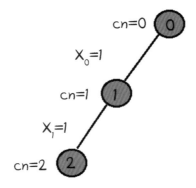

当 t=3 时，扩展 2 号结点，2 号成员和 0、1 号成员都有边相连，满足条件，扩展左分支，扩展出 3 号结点，x[2]=1，cn=3。

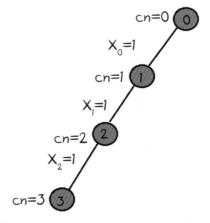

当 t=4 时，继续扩展 3 号结点，3 号成员依然满足条件，扩展左分支，扩展出 4 号结点，这时 x[3]=1，cn=4。

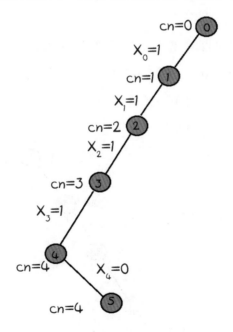

当 t=5 时，继续扩展 4 号结点，4 号成员和 1、2 号成员没有连线，不满足约束条件，只能扩展右分支。此时考虑限界条件，因为 cn=4，n=5，t=5，bestn=0，cn+n-t ≥ bestn，满足限界条件，可以扩展右分支，得到 5 号结点。

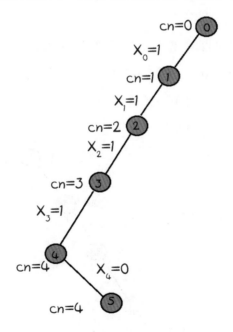

当 t=6 时，继续扩展 5 号结点，由于 t>n，找到一个当前最优解 {1,1,1,1,0}，保存当前最优值 bestn=4。5 号结点不能扩展，回溯到 4 号结点。4 号结点已经经过左右分支，继续回溯到 3 号结点。

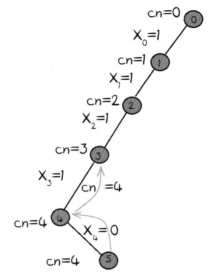

当 t=4 时，向右分支扩展 3 号结点。考虑限界条件，因为 cn=3，n=5，t=4，bestn=4，cn+n-t=3+5-4=4，不满足条件 cn+n-t>bestn，所以无法扩展，继续回溯到 2 号结点。

此时 t=3，向右扩展 2 号结点，但依然不满足限界条件，继续回溯到 1 号结点。1 号结点向右分支扩展，但同样不满足限界条件，继续回溯到 0 号结点。0 号结点向右扩展依然不满足限界条件。至此整个计算过程结束。最终的最优解就是 {1,1,1,1,0}，最大团的人数是 4。

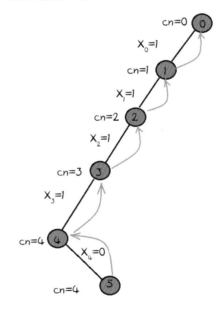

取经组确定算法后，悟空根据酋长提供的每个人的仇敌关系，写好程序，开始计算。

由于勇士的总数有八百，对复杂度达到 $O(2^n)$ 的算法来说，基本没可能得到最优解。$O(2^n)$ 意味着每多一个人，计算时间翻倍。假设当勇士数量是 50 人的时候，花费一秒钟，那么 60 人时，就要花费 1024 秒，即约 17 分钟；70 人时，花费约 12 天；100 人时，花费三千五百七十多万年；110 人时，花费三百六十五亿年；800 人时需要花费多少时间？三百六十五亿年后面再跟上两千多个零！

当出现的最优解人数超过 300 人时，悟空停止了计算。后面的计算，不知道要过多少时间，才能将最优解的人数增加一个，代价太大。

在现实生活中，我们碰到的各种问题，很有可能没办法取到最优解。这时候我们取一个付出代价比较小，但结果比较好的方案就可以。

经过永恒之冰的验证，确定选中的三百零七人彼此之间没有任何仇怨。酋长本人，也在这三百多人中。众人准备停当之后，浩浩荡荡向西北方向出发。

本节完整代码：

```python
# 定义函数，检查约束条件
def checkpoint(t):
    rt = True
    # 对前 t 个点循环
    for j in range(t-1):
        # 如果第 j 个结点在最大团里，且当前点 t 和它没有连线，不满足约束条件
        if x[j] and a[t-1][j]==0:
            rt = False
            break
    return rt
# 检查约束条件函数结束


# 定义回溯函数
def retro(t):
    # 当前属于最大团内的结点数量
    global cn
    # 当前最优解的节点数量
    global bestn

    # 如果到达叶子结点
    if t>n:
        # 记录最优解的选择方案
        for i in range(n):
            bestx[i]=x[i]
        # 记录最优解的数量
        bestn = cn
        return

    # 当满足约束条件，当前点加入最大团，向左子结点搜索
    if checkpoint(t):
        x[t-1]=1
        cn += 1
        retro(t+1)
        cn -= 1

    # 当满足限界条件时，当前点不加入最大团，向右子结点搜索
    if cn+n-t>bestn:
        x[t-1] =0
        retro(t+1)
# 回溯函数结束
```

接上页

```
# 主程序开始

# 总的人数
n = 5
# 人和人的关系
rl = [[0,1],[0,2],[0,3],[0,4],[1,2],[2,3],[2,4],[3,4]]
m = len(rl)

# 邻接矩阵
a =[[0]*n for _ in range(n)]
# 当前解的数组，x[i]=1 表示点 i 在最大团里 ,x[i]=0 表示不在
x = [0]*n
# 当前最优解的数组
bestx = [0]*n

# 设定邻接矩阵，a[i][j]=1 表示第 i 人和第 j 人关系友好，不是仇敌
for ri in rl:
    a[ri[0]][ri[1]]=1
    a[ri[1]][ri[0]]=1

# 初始化
bestn=0
cn=0

# 从解空间树的根结点开始调用回溯函数
retro(1)

# 打印结果
print(" 最大人数为 ",bestn)
s=""
for i in range(n):
    if x[i] >0 :
        s += str(i)+" "
print(" 人员为 ",s)
```

真传一句话

回溯秘籍

回溯法对解空间树采用深度优先的搜索策略，根据产生子结点的条件约束，搜索问题的解。如果当前结点不满足求解条件，则进行回溯，尝试其他路径。能进则进，不进则换，换不了则退。

何时用这招

满足下面条件时可以使用回溯法：

解的组织形式可以看成一个 n 元组 $\{x_0, x_1, \cdots, x_{n-1}\}$，解的各个分量取值范围有限定；

所有可能解组成的空间称为解空间，解空间按照树的形式表达，称为解空间树；

存在约束条件，这些条件可以对是否能得到可行解或最优解作出约束。

怎么用这招

第一步，定义解空解，解空间越小，搜索效率越高。

第二步，确定解空间组织结构，产生不同的解空间树，如子集树、排列树、n 叉树。

第三步，采用深度优先策略，根据约束条件搜索解空间，发现可行解或者最优解。

分支限界法

分支限界法和回溯法相似，也是常用算法思想之一。和回溯法不同，分支限界法采用广度优先策略搜索解空间树。

玄之又玄

回溯法和分支限界法，其实是对枚举法（穷举法）的优化。枚举法如同小说中的一力降十会，是最简单的一种算法，它把所有解搜索一遍，合适的留下。这也是最难的一种，因为需要的资源太大。

回溯法和分支限界法，将所有解组织成树的形式，通过约束条件，将树上不符合条件的枝叶剪去，大大提高搜索结果的效率。这就像是传说中"有招"的境界，从各种招数中选出最合适的。

相对的，前面介绍过的贪心法、分治法和动态规划法，都是通过分析问题的特点，将满足条件的解构造出来，可以说是更"聪明"的方法。

当然，最终选择何种思想，还要结合实际情况，选择最合适的。这就是传说中"无招"的境界。

猫三王日记

地球历 ＿＿ 年 ＿＿ 月 ＿＿ 日　天气 ＿＿

　　经过千辛万苦的跋涉，我们终于走到了旅途的最后一个大洲——回溯洲。在这里经常会使用一种称为回溯法的思想。

　　回溯法是从初始状态出发，按照深度优先搜索的方式，根据产生子结点的约束条件，搜索问题的解。当发现当前结点不满足求解的条件时，就回溯，尝试其他路径。

　　回溯法解决问题时，首先要确定解的形式，定义问题的解空间。

　　解空间顾名思义就是由所有可能解组成的空间。二维空间如下图所示。

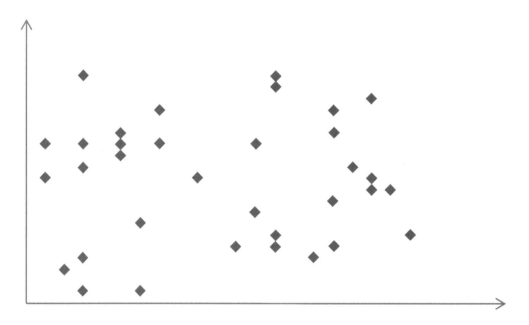

　　图中每一个点都有可能是我们要的解，这些解就组成了解空间。每个解可以被定义成一个 n 元组 $\{x_1, x_2, \cdots, x_n\}$。如上图的二维解空间中的每一个解，都是一个

2 元组 $\{x_1, x_2\}$。

我们就是要根据问题的约束条件，在解空间中寻找最优解。解空间越小，搜索效率越高。

解空间内通常有很多解，我们不可能毫无章法地盲目搜索。所以我们需要按照一定的组织结构搜索最优解。谈及搜索，大家肯定会想到树结构，如果把解空间的组织结构用树表现出来，那就是解空间树。

以二维的解空间来演示，解空间里有四个点，$\{1,1\}$，$\{1,2\}$，$\{2,1\}$，$\{2,2\}$，解空间搜索树如下图。

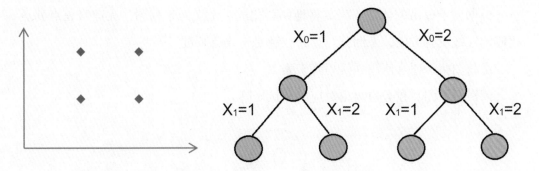

解空间搜索树只是解空间的形象表示，并非真的要生成一棵树。有了解空间树，有利于直观理解搜索过程。

搜索解空间时，我们会对是否能得到问题的可行解和最优解做出约束，这一约束称之为隐约束。

隐约束又叫剪枝函数，包括约束函数和限界函数。我们称是否能得到问题的可行解的约束为约束函数，是否能得到最优解的约束称为限界函数。有了隐约束，我们可以去掉得不到可行解或最优解的分支，避免无效搜索，提高搜索效率。剪枝函数设计得好，搜索效率就高。

解空间的大小和剪枝函数好坏都影响搜索效率，这两项是搜索算法的关键。

解决问题时，首先定义好解空间，解空间各个分量的取值范围称为显约束。其次确定解空间的组织形式，到底采用何种解空间树。最后就是搜索解空间树，按照深度优先策略，根据隐约束在解空间内搜索问题的可行解或最优解，当发现当前结点不满足求解条件时，就通过回溯法尝试其他路径。如果问题只要求可行解，则只需要设定约束函数；如果要求最优解，则约束函数和限界函数都需要设定。

地球历 ___ 年 ___ 月 ___ 日　天气 ___

根据本喵的观察，这个世界的人还挺喜欢塔的。不管做了些什么，都要把事迹刻在塔上记录下来。

三藏也特别喜欢塔，碰到什么塔就要去看看。不过这次在塔林镇，挑事的是八戒。

八戒嫌走的路多，要求三藏给规划一条最近线路。本喵其实无所谓，反正有坐骑。三藏心情不错，自然满足徒弟的要求。

根据猴子提供的地图，三藏将地图转化成一个无向带权图。无向就是点和点之间的连线没有方向，来回都行。带权就是连线有长度。

说起图嘛，通常使用邻接矩阵来表示。

请根据下图，在旁边写出对应的邻接矩阵。

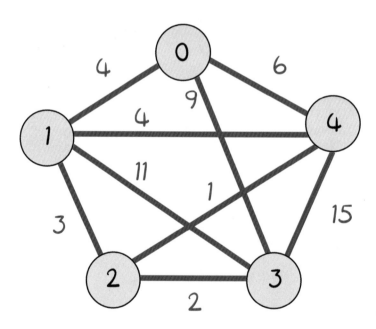

由于示意图上一共有 5 个点，那么解就是一个五元组，代表每一步走到哪个点。请在解空间树上填上相关数字。

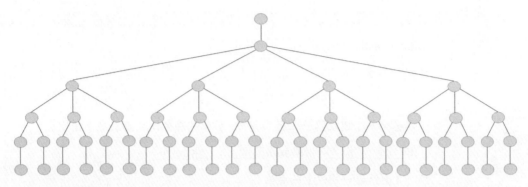

这个问题中，两点之间有连线，就是其约束条件。而因为问题要求最优解，所以也需要考虑限界条件。限界条件就是走过的路程必须小于已有的最优解。

这个问题也可以使用动态规划法求解，不过空间复杂度会大大提高，所以不太可行。

问题分析清楚后，三藏他们顺利地完成了代码。本喵也不能落后，必须抓紧完成，可爱的兑换点，本喵来喽！

```
INF = 10000000
START = 0


# 定义函数交换数组 x 中的两个元素的值
def swapx(i, j):
    tmp=_____
    ____=____
    x[j]=_____
# 以上交换数组元素的函数


# 定义回溯法函数
def travel(t):
    global cl
```

```python
    global bestl
    # 到达叶子结点
    if t>_____:
        # 最后一个塔和第一个塔有连线，且总的路径比当前的最小值更小
        if _____!=INF and _____<bestl:
            # 更新最短路径上的点
            for j in range(n):
                bestx[j]=_____
            # 更新最短路径的值
            bestl = _____
    else:
        # 如果还没有到达叶子结点，从当前结点开始循环
        j=t
    while j<_____:
            if _____!=INF and _____<bestl:
                # 临时交换位置 t 和 j 的值，以便于对子结点计算
                swapx(_____,_____)
                # 走过的路径长度增加
                cl=_____
                # 递归调用下一个点
                travel(_____)
                # 恢复 cl 的值，便于访问同一层的下一个点
                cl=_____
                # 数组元素交换回来
                swapx(____,____)
```

```
        j+=1
# 以上为回溯法函数


# 定义初始化函数
def init():
    for i in range(n):
        x[i]=i
        bestx[i]=0
    x[0]=START
    x[START]=0
    bestx[0]=START
    bestx[START]=0
# 以上为初始化函数


 while j<_____:
        if _____!=INF and _____<bestl:
            # 临时交换位置 t 和 j 的值，以便于对子结点计算
            swapx(____,____)
            # 走过的路径长度增加
            cl=_____
            # 递归调用下一个点
            travel(_____)
            # 恢复 cl 的值，便于访问同一层的下一个点
            cl=_____
            # 数组元素交换回来
            swapx(____,____)
```

```
        j+=1
    # 以上为回溯法函数


    # 定义初始化函数
    def init():
        for i in range(n):
            x[i]=i
            bestx[i]=0
        x[0]=START
        x[START]=0
        bestx[0]=START
        bestx[START]=0
    # 以上为初始化函数
```

喵喵，三个兑换点到手喽！

这次没有碰到妖怪，也没有出什么事儿，出乎意料地顺利呀。希望每次都能这样顺利！

地球历 ＿＿ 年 ＿＿ 月 ＿＿ 日　天气 ＿＿

你们猜，本喵喜不喜欢洗澡？猜中了没奖！

本喵其实不太喜欢洗澡，这里又没有沐浴液，又没有吹风机的。

但是，本喵知道，其实猪是喜欢洗澡的，特别是在泥地里洗澡。这次碰到温泉，八戒可来劲儿了。

不过还没开始泡澡，八戒的麻烦就来了。而且是七个麻烦，简直遮天蔽日啊！

上回猴子趁蜘蛛精洗澡偷了人家的衣服，这回人家可不得把他们的衣服都给毁了。

双方话不投机,几句话后就开始战斗。好在之前兑换过几个保命的技能。本喵潜伏在旁,偷偷打量着战斗。假如来得是老鼠精的话,本喵倒是可以和他斗上一斗,可惜来得是蜘蛛精。冤有头债有主,还是交给猴子他们吧。

蜘蛛精使用一个棋盘阵困住猴子等人。幸好猴子等人身经百战,经验丰富。不久就看出阵法的破绽,只要任何两个妖怪不在棋盘上的同一行、同一列、同一对角线上或阵法就能破了。

本喵其实想吐嘈一下,这不就是经典的 n 皇后问题吗?

只不过,这次我们碰到的是七个蜘蛛精。求解的方法是一样的!

这次只要求一个可行解就行,所以不需要设置限界条件,只要设好约束条件。

至于代码可难不倒本喵。

```python
# 定义函数,比较第 t 个皇后和前面所有皇后的位置
def checkposition(t):
    rt = True
    for j in range(t):
        # 如果在同一列,或在同一斜线上,返回假
        if _____ or _____:
            rt = False
            break

    return rt
# 以上为比较位置函数
```

```
        j+=1
# 以上为回溯法函数


# 定义初始化函数
def init():
    for i in range(n):
        x[i]=i
        bestx[i]=0
    x[0]=START
    x[START]=0
    bestx[0]=START
    bestx[START]=0
# 以上为初始化函数


    while j<_____:
        if _____!=INF and _____<bestl:
            # 临时交换位置 t 和 j 的值，以便于对子结点计算
            swapx(_____,_____)
            # 走过的路径长度增加
            cl=_____
            # 递归调用下一个点
            travel(_____)
            # 恢复 cl 的值，便于访问同一层的下一个点
            cl=_____
            # 数组元素交换回来
            swapx(____,____)
```

```
# 定义函数，以回溯方法求解
def retro(t):
    global countn
    if t>=n:
        # 到达叶结点，解的数量增加
        countn += 1
        s = ""
        for i in range(n):
            s = s+str(x[i])+" "
        print(s)
    else:
        # 未达到叶结点
        for i in range(n):
            # 设置当前皇后的位置
            x[t]=_____
            # 如果当前皇后的位置不和之前的任何冲突
            if _____:
                # 放下一个皇后
                retro(_____)
# 以上为回溯方法函数
# 记录所有可能解的数量
countn=0
n=4
x = [0]*n
# 执行回溯方法
retro(____)
print(" 答案数量是 ", _____)
```

两个兑换点又到手了。

蜘蛛精们本身不以战力闻名，一旦发现她们的破绽，猴子要对付她们不算很难。一顿争斗过后，三藏大度地放蜘蛛精们一条生路。猴子也不想为难人家，毕竟以前的事情挺尴尬的，已经打过人家一次了，冤家宜解不宜结，这次给点教训就算了。

地球历 ___ 年 ___ 月 ___ 日　天气 ___

天越来越冷，小风吹得我整个猫都不太好。幸好厚实的皮毛下有足够的脂肪来维持本喵的热量，否则本喵就成冰雕了。

我们终于走到大陆西北的冰原之上，冰原部落接待了我们。八戒没有见过冰屋，真是没见识。

部落酋长要挑选勇士组成战阵，和我们一起去对付大魔王，这倒是不错。

不过，酋长手下的很多人平时有矛盾，大魔王的魔法会扩大人们心中的矛盾来破坏阵法。于是我们要通过某种方法来选出没有矛盾的战士。

这个问题可以转化成图的问题，求图的最大团。猴子他们的例子，一下就能得到最优解，然后就是不断地回溯，一点意思都没有。如果我们把部落成员的编号改一下，那么看看有没有聪明的人，可以画出完整的搜索过程呢？依然从 0 号成员开始搜索。

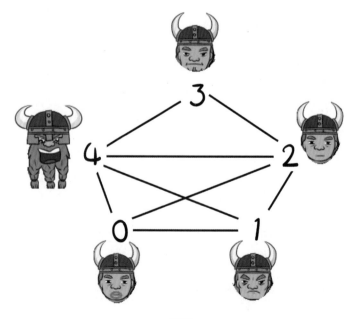

代码如下，对送上门的兑换点，本喵从来不会拒绝。

```python
# 定义函数，检查约束条件
def checkpoint(t):
    rt = True
    # 对前 t 个点循环
    for j in range(t-1):
        # 如果第 j 个结点在最大团里，且当前点 t 和它没有连线，不满足约
束条件
        if _____:
            rt = False
            break
    return rt
# 检查约束条件函数结束


# 定义回溯函数
def retro(t):
    # 当前属于最大团内的节点数量
    global cn
    # 当前最优解的节点数量
    global bestn

    # 如果到达叶子节点
    if _____:
        # 记录最优解的选择方案
        for i in range(n):
            bestx[i]=_____
        bestn = cn
        return
```

```
# 当满足约束条件，当前点加入最大团，向左子结点搜索
    if _____:
        x[t-1]=1

        _____

        retro(_____)

        _____


    # 当满足限界条件时，当前点不加入最大团，向右子节点搜索
    if _____:
        x[t-1] =_____
        retro(_____)
# 回溯函数结束
# 主程序开始
# 总的人数
n = 5
# 人和人的关系
rl = [[0,1],[0,2],[0,3],[0,4],[1,2],[2,3],[2,4],[3,4]]
m = len(rl)
# 邻接矩阵
a =[[0]*n for _ in range(n)]
x = [0]*n
# 当前最优解的数组
bestx = [0]*n
# 设定邻接矩阵，a[i][j]=1 表示第 i 人和第 j 人关系友好，不是仇敌
for ri in rl:

    _____

    _____
```

```
# 初始化
bestn=0
cn=0
# 从解空间树的根结点开始调用回溯函数
retro(_____)
# 打印结果
print(" 最大人数为 ",_____)
s=""
for i in range(n):
    if x[i] >0 :
        s += str(i)+" "
print(" 人员为 ",s)
```

由于人太多，想要从这八百人中找出最优解，基本不可能。当出现一个三百人的解时，猴子他们停止了程序，因为三百人已经足够发挥出阵法的威力。

终于要直面大魔王了，本喵那古井不波的心也开始激动了！

终节　战天尊算法建功　割点算法

冰原部落的族人自有一套在冰上行走的方法，他们打造的冰车可以在冰原上风驰电掣的行进。根据唐僧的估计，一天少说能跑五百里。

如此又走了三天，在西边的地平线上，出现一座耸立的高山。众人心中逐渐感觉到莫名的压力。

酋长手指高山，对唐僧说："长老，那座山就是恶魔山，恶魔就被封印在那山巅。从现在开始，我们得注意那恶魔的影响了。勇士们，布阵！"

随着酋长的命令，部落的勇士们手上结出一个个手印，同时嘴里念念有词。这是他们代代相传的任务，从小锻炼，早已经将各个动作烙印在心中，自然娴熟无比。

唐僧和悟空本就心智坚毅，八戒沙僧小白龙差点，布完阵后，众人顿时心中一轻，无形压力瞬间消散。反倒是猫三王好像不受影响似的。

不过，随着距离恶魔山越来越近，压力又开始慢慢增长。众人心知此行不易，纷纷咬牙坚持前行。

走到山脚下，冰原族的勇士已经有了明显的反应，很多人满头大汗，气喘吁吁。等到了半山腰，已经有勇士抵受不住压力，一屁股坐到地上。

酋长自己也是咬牙苦苦坚持，走到半山腰已是极限，只好对唐僧等人说："长老，我们已经无法前进。不过只要我们待在这里维持阵法，山顶应该也在阵法的有效范围之内。剩下的就交给你们了，祝你们好运。"

师徒几人告别酋长和三百勇士，顶着风雪，慢慢前进。

　　终于爬到山巅，出现在眼前的是一座冰雪宫殿，晶莹剔透，同时又放射出诡异的紫光。

　　在山下的时候，就算是悟空的火眼金睛，也无法穿透这层紫光，看到宫殿的本体。

　　悟空几人的飞行能力在山脚下就已经被限制住了，这时只能沿着宫殿的台阶往上走。悟空一马当先，八戒和沙僧护在唐僧左右，距离悟空十来步。小白龙早已经化为人形，手提宝剑，跟在最后压阵，猫三王蹲在小白龙的头顶，警惕地朝四周张望。

悟空走到宫殿的大门前，宫殿的大门自动打开，里面是一个幽暗的大厅。

悟空艺高人胆大，闪身进了大厅，默运火眼金睛，四处扫射，却是空无一物。静待片刻后，见大厅里没有异常，便招呼后面的众人进入。等最后的小白龙也进了大厅，大门又悄无声息地关上。

当外界最后一丝光线消失后，众人才发觉自己似乎在一个黑暗的空间中。空间里逐渐亮起了一些光点，看似非常遥远，好像夜空中的恒星。不知过了多久，一个声音在众人的耳畔响起："玄奘，你们终于来了，哈哈哈哈！"

唐僧双手合十，说："你是谁？"

那个声音道："本尊乃零壹天尊，本尊的零壹之道是盘古开天时三千大道之一。此方天地是本尊无上大道所化。远古时候某些卑鄙小人暗算本尊，截取本尊大道炼入河图、洛书、太极图与先天八卦之中，导致本尊深受重伤。如今尔等来此，将补足本尊大道，本尊亦要重临诸天万界！"

取经组几人多少有些背景，零壹天尊所说几件宝物乃三界最顶级至宝，他们都有所耳闻。听得这等密辛，心中的震动可想而知。

此时，另一个声音出现了。驳斥第一个声音说："零道友，只要有我在，你得逞不了！"

第二个声音继续响起，对唐僧等人说："玄奘，我和零道友本来确实是零壹天尊，前面零道友说得也不错，只是当时我等还未完全化形，算不得被人暗算。但因大道不完整，零壹大道中最终产生了两个灵智，一个是零道友，另一个就是我，你们可以称我为壹道人。我二人的本体形成了这方世界。"

"零道友过于偏激，为了限制零道友，当年我布下各种封印，也因此损失了一些力量。现在零道友的力量比我更强一些。他将你们摄入此间，是由于你们身上带有补足大道的契机。一旦他击败你们，你们将消失在天地，而他也能重回西游世界，和天道争锋。封神劫后，圣人不出，再无人是他的对手。不过，风险意味着机遇，如果你们能消灭他，将得到大量功德，重新恢复完整的零壹大道。所以我就将计就计，配合他将你们摄入这方世界。同时，我也通知了另外几位大能，派些人手，牵制零道友，分享功德。"

自称零壹天尊的零道人冷笑："早就知道是你这家伙坏事！你我本为一体，我统治这三千世界对你没任何坏处。哼，这次让你们一并灰飞烟灭！"

话音未落，四周星光大作，无数光箭向取经组众人射来。

众人齐心协力护住唐僧，苦苦抵挡这些攻击。

八戒大喊："师兄，怎么办？我们都不知道敌人在哪里，怎么打？"

壹道人的声音响起："看到你们面前的星光了吗？这些星光组成了不断变化的星图，零道友的力量在星图中流动，如果你们不能在每一次变化后的短时间内找到关键点，断开他的星图，你们将永远无法击败他。"

唐僧得到迪科斯彻的传承并且吸收镇元子赠予的道果后，对算法方面的反应特别快，对悟空说："悟空，他的星图是一个无向连通图。删除其中的某一个点，如果这图不再连通，那么，这个关键点就被称为割点。"

悟空将金箍棒变大，舞成一个风车，抵挡那无数的光箭，一边大喊："我想了个算法，依次删除某个点，然后用深度优先的策略进行搜索，判断图是否连通。待我试一试。"

零道人笑得很开心："没用的，你的这个算法的复杂度是 $O(n*(n+m))$，太慢了，你找不到我的割点的！"

壹道人对唐僧等人喊道："我可以让星图的变化速度减缓，只要你们能找到一个复杂度为 $O(n+m)$ 的算法，就有机会找到割点，击破星图！"

悟空不信邪，使用算法，依次删除某个点，但由于算法复杂度较高，在算出结果之前，零道人的星图已经变换，之前的计算全然做了无用功。

被众人保护在中央的唐僧，出声告诉大家："我想到办法了！"

"我们从图中任意一个点开始遍历，可以得到一棵生成树。我们可以记录每个结点被遍历到的时间顺序，这个顺序，姑且称为时间戳。可以用一个数组 num 来记录每个结点在这次遍历中的时间戳。"唐僧说道。

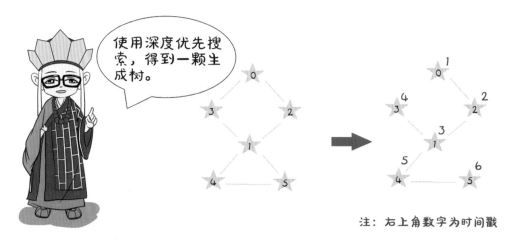

注：右上角数字为时间戳

"如果图中有割点，我们在遍历的时候，肯定能碰到。"唐僧继续说道。

"关键是我们怎么知道哪个是割点啊？"八戒挡住一道光箭，同时问道。

"假如我们在深度优先的遍历时，访问到 k 点，此时图会被分成两部分，一部分是已经访问过的点，另一部分是还未被访问的点。如果 k 是割点，则剩下的未被访问的点中，至少有一个点在不经过 k 点的情况下，无法再回到已经访问过的点。此时，这个连通图就被分成多个不连通的子图了。"唐僧解释道。

明白割点的判断方法后，众人精神一振。

"但是在处理的时候，因为图中有 n 个顶点，所以光对边进行处理，复杂度就达到 $O(n^2)$ 了！"悟空给刚看到曙光的众人泼了一盆冷水。

众人顿时沉默了。八戒一个走神，没有挡住光箭，肩膀上挨了一记，防御圈顿时露出破绽。好在小白龙及时补防，险险守住。

就在众人还没从沮丧中走出来的时候，猫三王突然一个飞跃，从小白龙脑袋上跳起，落在悟空头上。它扬起爪子，朝悟空的脑袋狠狠地敲了三下。

咚！咚！咚！

悟空没料到有人会在这时偷袭他，被猫三王三击得手！

上一次被人敲脑袋还是在菩提老祖座下修炼时，祖师敲他三下脑袋，让他三更天去学法。

悟空突然抓住一个念头，菩提老祖！

菩提老祖曾经告诉他，对图的存储，可以使用邻接矩阵和邻接表两种方式。当前情况下，使用邻接矩阵会造成时间和空间的大量浪费，明显邻接表更适合。

"我想到了，嘿嘿！"悟空重燃斗志，不顾脑袋上的猫三王，自信地说："我们只要稍微改造下邻接表，采用邻接表来进行遍历，就可以实现！"

也许心急的读者朋友会把书翻到最前面，重温邻接表的概念，又是数据又是指针，可是相当复杂呢！实际上我们可以使用一个非常巧妙的方法来实现它。

```
n=6
pl=[[0,2],[0,3],[1,2],[1,3],[1,4],[1,5],[4,5]]
m=len(pl)
```

n是顶点个数，pl是边的信息，m是边的条数。

```
u=[0]*(2*m)

v=[0]*(2*m)
```

> u 和 v 是邻接表的数据，分别用来存放边的两个顶点，由于这里是无向图，所以同一条边会出现两次，以边 AB 为例，u[i]=A，v[i]=B，并且 u[m+i]=B，v[m+i]=A。

```
first = [-1]*(n)
```

> first[i]=j 表示顶点 i 在 u 中第一次出现的位置。

```
nextx = [0]*(2*m)
```

> nextx[i]=j 表示，按照遍历的顺序，邻接表中第 i 个位置的边，和它相同起点的下一条边的位置是 j；nextx[i]=-1 表示没有其他相同起点的边。
> first 和 nextx 构成了邻接表中的指针。

```
for i in range(m):
    u[i]=pl[i][0]
    v[i]=pl[i][1]
    u[m+i]=v[i]
    v[m+i]=u[i]
```

> 初始化邻接表中的数据，例如：u [0, 0, 1, 1, 1, 1, 4, 2, 3, 2, 3, 4, 5, 5]，v [2, 3, 2, 3, 4, 5, 5, 0, 0, 1, 1, 1, 1, 4]。

```
for i in range(2*m)[::-1]:
    nextx[i]=first[u[i]]
    first[u[i]]=i
```

> [::-1] 表示从后往前，逆序循环。可以得到 first 和 nextx 分别指向的值。

这个例子中，当遍历到 1 号点时，和它相连，且未被访问过的点有 3、4、5，其中 4 号和 5 号点都不可能在不经过 1 号点的情况下，再次回到已经被访问过的 0 号和 1 号点。

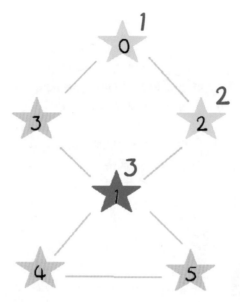

"那我们又怎么判断一个点不经过 k 点，无法回到已经访问过的点呢？"八戒有点犯傻。

"二师兄，把 k 点拿掉，以这个点为起点，再遍历一遍就可以了！"殿后的小白龙回答了八戒的问题。猫三王在小白龙脑袋上喵喵了几声，表示同意。

"我们可以用一个数组 low 来记录每个结点在不经过父结点时，能够回到的最小时间戳。"悟空说。

"还是以遍历到 1 号顶点时为例，在图中，除了父结点，它还有 3 号、4 号、5 号三个相连的顶点。先检查 3 号顶点，默认的 low[3]=num[3]=4。3 号顶点直接和 0 号顶点相连，由于 0 号顶点已经在生成树上，更新 low[3]=min(low[3],num[0])=1，意味着 3 号顶点可以不通过 1 号顶点，回到最早时间戳为 1 的点。"

"再看 4 号顶点，默认的 low[4]=num[4]=5，除了作为父结点的 1 号顶点，它还和 5 号顶点相连，5 号顶点还未加入生成树，继续深度优先策略，将 5 号顶点作为子结点扩展。检查 5 号顶点，默认的 low[5]=num[5]=6，发现其和 1 号顶点相连，由于 1 号顶点已经在生成树上，low[5]=min(6,num[1])=3。由于 5 号顶点没有其他边，返回上一层，即 4 号顶点，更新 low[4]=min(low[4], low[5])=3。"悟空给出了推导过程。

　　需要注意的是，如果按照 low 里每个值最后的更新时间排序，low[3] 最早，然后是 low[5],low[4]，再轮到 low[1],low[2]，最后是 low[0]。通过生成树，我们可以看到，叶子结点最先更新其 low 值，分支结点在其所有叶子结点更新完后更新，根结点最后更新。

生成树上，顶点4是5的父结点，但因为递归的关系，我们先计算出low[5]，然后才能得到low[4]。别搞反咯！

　　"对于生成树上某个结点 u，至少存在一个子结点 v，且 low[v] ≥ num[u]，就表示不经过 u 时，v 不能回到已经访问过的点。所以 u 就是割点！"唐僧下了结论。

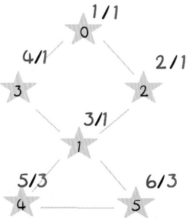

注：红色为不经过父结点可返回的最小时间戳

以 1 号点为例，它的时间戳为 3，它的子结点 4 号点的 low[4]=3=num[1]，代表不经过 1 号点，4 号点无法访问到更早的结点，所以 1 号点是割点。

再来看看 4 号点，它的时间戳为 5，它的子结点 5 号点的 low[5]=3<num[4]，所以 4 号点不是割点。悟空眼中金光大盛，他要尽快完成这个算法。

核心算法如下：

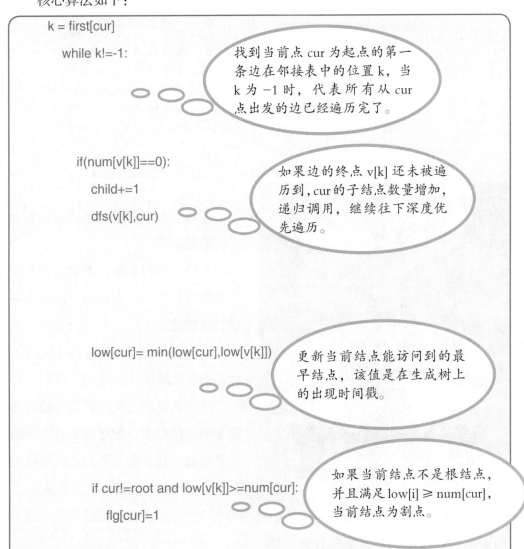

```
k = first[cur]
    while k!=-1:
```
找到当前点 cur 为起点的第一条边在邻接表中的位置 k，当 k 为 −1 时，代表所有从 cur 点出发的边已经遍历完了。

```
    if(num[v[k]]==0):
        child+=1
        dfs(v[k],cur)
```
如果边的终点 v[k] 还未被遍历到，cur 的子结点数量增加，递归调用，继续往下深度优先遍历。

```
    low[cur]= min(low[cur],low[v[k]])
```
更新当前结点能访问到的最早结点，该值是在生成树上的出现时间戳。

```
    if cur!=root and low[v[k]]>=num[cur]:
        flg[cur]=1
```
如果当前结点不是根结点，并且满足 low[i] ≥ num[cur]，当前结点为割点。

```
    if cur==root and child>=2:
        print("child",child, father,k)
```
如果当前结点是根，并且有两个及以上子结点，当前结点为割点。

```
                flg[cur]=1




         elif v[k]!=father:

            low[cur]=min(low[cur],num[v[k]])
```

当 i 点被访问过，并且这个结点不是当前结点的父结点，则更新当前结点 cur 能访问到的最早结点。

```
         k=nextx[k]
```

零道人似乎知道危险将近，加大了光箭的输出。

八戒、沙僧和小白龙默默地分担更多防守的压力，期待悟空能早点完成算法构建。

众人协力之下，悟空终于完成了计算割点的算法。

再一次星辰变化后，悟空瞬间捕获了割点的位置，招呼众人合力攻向那颗星辰。包括猫三王，此时也全力跃起，身化流星，投入割点星辰。

刹那间，仿佛又隔了很久，一声轻微的碎裂声从星辰上传出，随即变成巨大的声浪，从极西的雪山之巅席卷整个大陆。

天外，有玄黄之气射入，只听得壹道人的声音响起："从此零壹大道归位，玄奘，悟空，希望你们继续参悟零壹大道，将零壹之道传播各界！"

耳边的声音渐渐消失，山巅的冰雪宫殿也不见踪影。唐僧等人化作一团光，在冰原族酋长的眼中，飞向天外！

本节完整代码：

```
# 定义割点函数
def dfs(cur, father):
    global index
    child =0
    # 访问的时间戳从 1 开始
    index+=1
    num[cur]=index
    low[cur]=index

    # 找到当前点 cur 为起点的第一条边在邻接表中的位置 k
    k = first[cur]
    # 当 k 为 -1 时，代表所有从 cur 点出发的边已经遍历完了
    while k!=-1:
        # 如果边的终点 v[k] 还未被遍历到
        if(num[v[k]]==0):
            # cur 的子结点数量增加
            child+=1
            #print("child+1",v[k],v[k],child,father)
            # 继续往下深度优先遍历
            dfs(v[k],cur)
            # 更新当前结点能访问到的最早结点，该值是在生成树上的出现时间戳
            low[cur]= min(low[cur],low[v[k]])

            # 如果当前结点不是根，并且满足 low[i]>=num[cur]，当前结点为割点
            if cur!=root and low[v[k]]>=num[cur]:
                flg[cur]=1

            # 如果当前结点是根，并且有两个儿子及以上，当前结点为割点
            if cur==root and child>=2:
                print("child",child, father,k)
                flg[cur]=1

        # 当 i 点被访问过，并且这个结点不是当前结点的父结点，则更新当前结点 cur
能访问到的最早结点
        elif v[k]!=father:
            low[cur]=min(low[cur],num[v[k]])

        # 找到下一条边在邻接表中的位置
        k=nextx[k]
# 割点函数结束
```

接上页：

```
# 主程序开始
# 结点数量
n=6
# 边
pl=[[0,2],[0,3],[1,2],[1,3],[1,4],[1,5],[4,5]]
m=len(pl)
index =0
# 每个点在树中出现的顺序 ,num[i]=j 表示点 i 在树中出现的顺序是第 j 个
num=[0]*n
# 不通过父结点，最早能追溯到树上第几个结点 ,low[i]=j 表示点 i 不通过父结点，可
以追溯到在树上出现顺序为 j 的那个
low=[0]*n
# 是否割点 flg[i]=1 表示是割点，否则不是
flg=[0]*n

# 邻接表
u=[0]*(2*m)
v=[0]*(2*m)
# first[i]=j 表示点 i, 在邻接表中第一次出现的位置是 j
first = [-1]*(n)
# nextx[i]=j 表示邻接表中第 i 个位置的边，根据遍历的顺序，它的下一条边的位置是
j,nextx[i]=-1 表示本次已经没有边可以进行扩展了
nextx = [0]*(2*m)

# 初始化邻接表
for i in range(m):
    u[i]=pl[i][0]
    v[i]=pl[i][1]
    u[m+i]=v[i]
    v[m+i]=u[i]
for i in range(2*m):
    # 下一条边在邻接表中的位置
    nextx[i]=first[u[i]]
    # 某顶点第一次出现在邻接表中的位置
    first[u[i]]=i

# 从 0 号结点开始遍历
root =0
dfs(0,root)
for i in range(n):
    if flg[i]==1:
        print(" 割点是 :",i)
```

猫三王日记

地球历 ___ 年 ___ 月 ___ 日 天气 ___

回想起这个世界的点点滴滴，我的心里一阵唏嘘，终于走到这一步了，打败大魔王之后，我就能回到我的世界，重新见到那些熟悉的人们。

坐骑已经化为人形，我依然蹲在他的脑袋上，警惕着随时可能出现的大魔王。

部落的勇士撑起大阵，协助我们分散大魔王造成的心灵压迫。越靠近魔王的宫殿，受到的压力越大。逐渐有勇士停下脚步，留在原地苦苦抵抗。最后的勇士们也止步于半山腰。后面只能靠我们了。

进入水晶般的宫殿，大魔王终于出现在我们的面前。原来是老套的人格分裂剧情，我们的任务是在好的人格的帮助下，消灭坏的那个人格。

坏的人格化身星图，我们需要找到其中的一个割点，并破坏它，就可以干掉大魔王。

不过大魔王的星图变化速度太快，我们开始想到的算法时间复杂度太大，计算还没完成，星图就已经刷新。只有找到时间复杂度是线性增长的算法，才能干掉大魔王。

众人一边苦苦抵挡大魔王的攻击，一边苦苦思索问题的答案。也就是几人都吃过五庄别院的智慧道果，否则早已经被光箭射成筛子。

在危急关头，本喵终于想通问题的关键，果断提醒猴子。

猴子这次用邻接表来处理。这个星图如果用邻接矩阵，里面会有大量的空间浪费。

这也许是我在此间的最后一个程序了，加油，猫三王！我对自己说道。

这时系统似乎想提醒我些什么，但我全副心神都集中在代码上，并没有注意到。

```
# 定义割点函数
def dfs(cur, father):
    global index
    child =0
    # 访问的时间戳从 1 开始
    index+=1
    num[cur]=index
    low[cur]=index


# 找到当前点 cur 为起点的第一条边在邻接表中的位置 k
    k =_____
    # 当 k 为 -1 时，代表 cur 点所有发出的边已经遍历完了
    while _____:
        # 如果边的终点 v[k], 还未被遍历到
        If_____:
            # cur 的子结点数量增加
            child+=1
            # 继续往下深度优先遍历
            dfs(_____,_____)
            # 更新当前结点能访问到的最早结点
            low[cur]= _____
            # 若当前结点不是根，且 low[i]>=num[cur]，此结点为割点
            if _____
                flg[cur]=1
            # 若当前结点是根，且有两个及以上儿子，此结点为割点
            If_____:
                print("child",child, father,k)
```

```
        flg[cur]=1


    # 当 i 点被访问过，并且这个结点不是当前结点的父结点，则更新当
前结点 cur 能访问到的最早结点
    elif _____:
      low[cur]=_____
    # 找到下一条边在邻接表中的位置
    k=_____


# 主程序开始
# 结点数量
n=6
# 边
pl=[[0,2],[0,3],[1,2],[1,3],[1,4],[1,5],[4,5]]
m=len(pl)
index =0


# 每个点在树中出现的顺序 ,num[i]=j 表示点 i 在树中出现的顺序是第 j
个
num=[0]*n


# 不通过父结点，最早能追溯到树上第几个结点 ,low[i]=j 表示点 i 不通过
父结点，可以追溯到在树上出现顺序为 j 的那个
low=[0]*n


# 是否割点 flg[i]=1 表示是割点，否则不是
flg=[0]*n
```

```python
# 邻接表
u=[0]*(_____)
v=[0]*(_____)


# first[i]=j 表示点 i, 在邻接表中第一次出现的位置是 j
first = [-1]*(n)
nextx = [0]*(2*m)


# 初始化邻接表
for i in range(m):
    u[i]=pl[i][0]
    v[i]=pl[i][1]
    u[m+i]=v[i]
    v[m+i]=u[i]


for i in range(2*m):
    # 下一条边在邻接表中的位置
    nextx[i]=_____
    # 某顶点第一次出现在邻接表中的位置
    first[u[i]]=_____


# 从 0 号结点开始遍历
root =0
dfs(_____,_____)


for i in range(n):
    if flg[i]==1:
        print(" 割点是 :",i)
```

几乎同时，猴子也完成他的代码，火眼金睛中光芒大作，金光指向星图中的某个点。猴子大喝，就是这里！

所有人全力向那点攻去，包括我。我用出了系统里兑换的最强一击……

当我再次醒来时，我躺在熟悉的床上，窗外烦人的鸟叫听起来那么亲切。我，回来了！

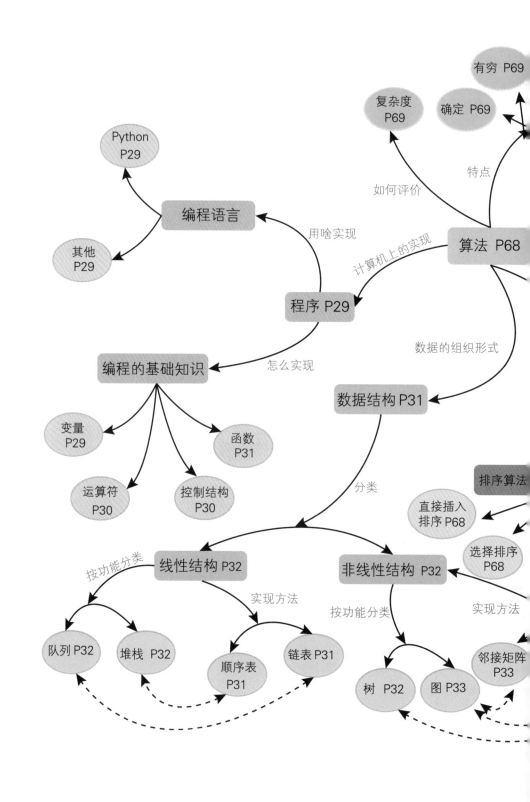

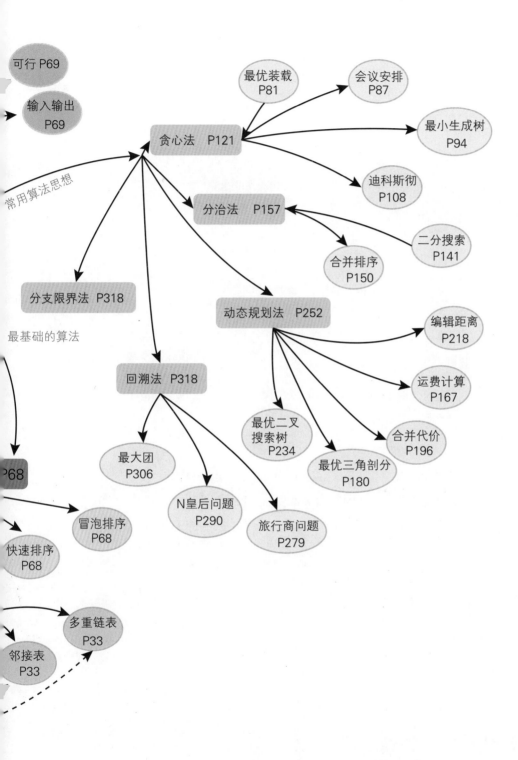

可行 P69

输入输出 P69

常用算法思想

最优装载 P81

会议安排 P87

贪心法 P121

最小生成树 P94

分治法 P157

迪科斯彻 P108

分支限界法 P318

二分搜索 P141

最基础的算法

合并排序 P150

动态规划法 P252

编辑距离 P218

回溯法 P318

运费计算 P167

P68

最优二叉搜索树 P234

合并代价 P196

最大团 P306

最优三角剖分 P180

快速排序 P68

冒泡排序 P68

N皇后问题 P290

旅行商问题 P279

多重链表 P33

邻接表 P33

本书思维导图